自社のブランド力を上げる！

オウンドメディア
制作・運用ガイド

深谷 歩 著
Ayumi Fukaya

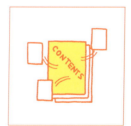

本書内容に関するお問い合わせについて

本書に関するご質問、正誤表については、下記のWebサイトをご参照ください。

正誤表　　　　　http://www.shoeisha.co.jp/book/errata/
刊行物 Q&A　　　http://www.shoeisha.co.jp/book/qa/

インターネットをご利用でない場合は、FAXまたは郵便で、下記にお問い合わせください。

〒160-0006　東京都新宿区舟町5
（株）翔泳社 愛読者サービスセンター
FAX番号：03-5362-3818
電話でのご質問は、お受けしておりません。

※本書に記載されたURL等は予告なく変更される場合があります。
※本書の出版にあたっては正確な記述につとめましたが、著者や出版社などのいずれも、本書の内容に対してなんらかの保証をするものではなく、内容やサンプルに基づくいかなる運用結果に関してもいっさいの責任を負いません。
※本書に掲載されているサンプルプログラムやスクリプト、および実行結果を記した画面イメージなどは、特定の設定に基づいた環境にて再現される一例です。
※本書に記載されている会社名、製品名はそれぞれ各社の商標および登録商標です。
※本書の内容は、2016年4月執筆時点のものです。

はじめに

オウンドメディアを使ったコンテンツマーケティングが注目されています。オウンドメディアは、自分で管理・運用するメディアなので、自由な情報発信ができます。顧客が必要とする情報をわかりやすく、丁寧に伝えることで、信頼を獲得したり、ファンを作り出すことができます。

ただし、オウンドメディアは自分達でオウンドメディアの構築、コンテンツの作成、配信まで行う必要があります。どのような戦略で実施するのか、どうやって顧客が求めるコンテンツを継続的に制作するのか、オウンドメディアをどう構築し、運用・管理するのか、運用を始める前にしっかり決めておく必要があります。

本書は、これからオウンドメディアを始めたい方に向けて執筆しています。

前半ではオウンドメディアの運用にあたって、知っておくべきこと、考えておくべき戦略について解説しています。オウンドメディアを運営する目的から、誰に向けてどんなコンテンツを用意していくか、どんな体制で運用していくのかを考えるヒントになるはずです。

後半では、WordPressを使ったオウンドメディア構築について具体的に解説しています。HTMLやCSS、PHPなどの知識がなくても構築できるように、WordPressの管理画面からの操作やプラグインを利用して構築できるように説明しています。もちろん、セキュリティ対策についても解説していますので安全に運用できます。

また、本書ではオウンドメディアと相性のよいFacebook、Twitterを活用して、情報を効果的に配信することも意識して執筆しました。本書を参考にすれば、全部自前でオウンドメディアを構築することもできます。

本書で紹介している方法と、自社でやりたいことを組み合わせて、ぜひオウンドメディアを実現してください。本書が皆様のオウンドメディア運用のお役に立てれば幸いです。

2016年5月吉日
深谷 歩

CONTENTS

Interview オウンドメディア成功事例 ································· 009

Chapter 1　オウンドメディアを運用するメリット ························· 017
- 01　オウンドメディアとは ································· 018
- 02　広告が伝わりにくい時代になった理由 ················· 022
- 03　ユーザーの自発的な情報探索と拡散 ··················· 025
- 04　オウンドメディアを通して信頼される企業になる ······· 029
- 05　見込み顧客の獲得と育成 ····························· 032
- 06　オンラインでオウンドメディアを運用するメリット ····· 035

Chapter 2　オウンドメディアでできること ······························· 037
- 01　オウンドメディアで掲載できるコンテンツ ············· 038
- 02　コンテンツ系オウンドメディアの4つのパターン ········ 042
- 03　制作するオウンドメディアについて ··················· 050

Chapter 3　オウンドメディアの位置付けを考える ······················· 051
- 01　オウンドメディアの運営方針とゴールの設計 ··········· 052
- 02　人が集まるオウンドメディアにはペルソナが必要 ······· 059
- 03　作成して終わりではないオウンドメディア ············· 066
- 04　オウンドメディアとソーシャルメディアを組み合わせる · 072
- 05　オウンドメディアのKPI（評価指標） ··················· 075
- 06　PDCAを通してオウンドメディアを成長させる ·········· 077

Chapter 4　WordPressを使ったオウンドメディアの構築に必要な環境 ··· 079
- 01　WordPressでオウンドメディアを構築する ·············· 080
- 02　WordPressの構築に必要な環境 ························ 083
- 03　独自ドメインを取得する ····························· 084
- 04　WordPressの構築・運用に必要な知識とツール ·········· 087
- 05　Facebookページを準備する ··························· 089
- 06　Twitterを準備する ·································· 093

Chapter 5 WordPressでオウンドメディアを構築する ……… 095

- 01 WordPressをインストールする ……… 096
- 02 WordPressの初期設定を行う ……… 099
- 03 WordPressのテーマを適用する ……… 117
- 04 テーマをカスタマイズする ……… 121
- 05 メニューを作成する ……… 125
- 06 サイドバーを作成する ……… 128
- 07 カテゴリーを登録する ……… 131
- 08 プラグインを追加する ……… 134
- 09 セキュリティ対策をする ……… 138

Chapter 6 コンテンツ作成の基本を押さえる ……… 147

- 01 コンテンツの作り方 ……… 148
- 02 コンテンツ作成の流れ ……… 151
- 03 新規投稿の作成方法 ……… 156
- 04 固定ページを作成する ……… 167
- 05 SEO対策のためのプラグインを利用する ……… 171
- 06 ソーシャルメディアでの拡散のためのプラグインを利用する ……… 183
- 07 問い合わせページを作る ……… 188

Chapter 7 商品・サービスのランディングページを作る ……… 197

- 01 コンバージョンに導くランディングページを作る ……… 198
- 02 写真をギャラリーで表示してボタンを付ける ……… 201
- 03 動画を挿入する ……… 206
- 04 Twitterのクチコミ情報を表示する ……… 210
- 05 TwitterとFacebookの広告を活用する ……… 214

Chapter 8 セミナーやイベントを告知する ……… 219

- 01 イベント・セミナーのページを作成する ……… 220
- 02 Googleフォームを使ってイベント・セミナーの申し込みを受け付ける ……… 228
- 03 イベント・セミナーの資料を公開・ダウンロードできるようにする ……… 231
- 04 イベントを中継して動画を組み込む ……… 237

Chapter 9 ECサイトと連係する ... 239

- 01 オウンドメディアからECサイトに誘導する ... 240
- 02 カタログページを作る ... 247
- 03 会員限定のコンテンツを作成する ... 253

Chapter 10 制作したページのアクセスを解析して改善する ... 263

- 01 オウンドメディアの効果測定を準備する ... 264
- 02 Googleアナリティクスを使ったアクセス解析 ... 274
- 03 Webマーケティング戦略としてサイトの改善を考える ... 280

Appendix 簡単・便利なWordPressプラグイン ... 283

本書の使い方

STRATEGY
何のためにオウンドメディアを運用するのか理解する

　本書は、オウンドメディアを構築するだけというスタンスの書籍ではありません。御社におけるWeb戦略の中核にオウンドメディアを据えて、それをもとにどのようにしたら顧客を呼び込み、顧客との接点を増やせるのか、戦略およびその考え方をChapter1から4で解説します。オウンドメディアを作成する前に必ず読んでおくことをおすすめします。

MAKING
御社のオウンドメディアを構築する

　御社のオウンドメディアの戦略が決まったら、実際にWordPressを利用したニーズの高いページをChapter5以降で作成します。各章で扱うページは筆者がコンサルティングを通じて得たニーズの高いページばかりです。
HTMLやCSSの知識がなくても大丈夫です。

ANALYSIS
オウンドメディアを分析して改善する

　オウンドメディアは作って終わりというものではありません。どのように有益なページも分析と運用をしてはじめて、大きな成果をもたらします。本書の最終章では、作成したオウンドメディアの分析およびそれに基づいた運用手法を紹介します。

本書のWordPressの利用環境について

　本書ではWordPressを利用して、オウンドメディアを作成します。自社でレンタルサーバーを運用するのではなく、外部のレンタルサーバーを利用してオウンドメディアを構築しています。
　なお、オウンドメディアページのサンプルは用意しておりませんので、あらかじめご了承ください。

●利用するレンタルサーバー
　ロリポップレンタルサーバー
　　URL　https://lolipop.jp/

●WordPressのバージョン
　WordPress4.4

Interview

オウンドメディア成功事例

オウンドメディアを運用してお客様と交流している事例を紹介します。

※インタビューで紹介したオウンドメディア成功事例のサイトの制作環境はWordPressなどに限定しておりません。

01 DEVICE PLUS

URL http://deviceplus.jp/ （日本語）
URL http://deviceplus.com/ （英語）

ローム株式会社
コーポレート
コミュニケーション本部
メディア企画部　宣伝課
販促支援G
野崎　詩乃（のざき・しの）

会社名 ローム株式会社　URL http://www.rohm.co.jp/

会社概要 ローム株式会社は、1958年（昭和33年）設立の半導体・電子部品メーカーです。自動車・産業機器のほか、民生・通信など多様な市場に対し、品質と信頼性に優れたLSIやディスクリート、電子部品を供給するとともに、システム全体を最適化するソリューション提案を行っています。最近は、メーカーズムーブメントやIoT機器開発に貢献するため、簡単に評価できる電子工作分野に注目し、オープンプラットフォーム用ツールも開発しています。

01 オウンドメディアを始めたきっかけは？

2014年に、日本の若年層（18歳～35歳）エンジニアに対するローム認知向上を目的に始めました。前年にNHKのロボットコンテストの協賛を開始したこともあり、ある程度コンテンツのビジョンがあったことも後押しとなりました。

02 記事のネタはどのように探していますか？

はじめは、社員からの推薦やロームが出展している展示会から内容を決めました。最近は取材を通して仲良くなった学生さん達から「これ面白いですよ！」と情報をいただくことも多いです。幸いなことに、この業界に関してはネタが尽きることはほぼありません。

03 特集などはよく組まれますか？

各種ロボットコンテスト（高専ロボコン・学生ロボコン）は毎年総力を挙げて取材に挑んでいます。1日に30本以上の記事を公開したことや、その速報性により、ロボコン特集には一定の評価をいただいております。

04 他のメディアと連係をしていますか？

日本語版はTwitterとFacebook、英語版はLinkedInとGoogle+を活用しています。投稿内容は主に更新情報なので、フォロワーやファンとのコミュニケーションがあまり頻繁ではないため、それが課題でもあります。

05 お客様との接点ができたという実感はありますか？

ロームとしてだと堅くなってしまう読者（特に学生）も、DEVICE PLUS編集部として接するとOPENになってくれることがあります。社内の営業の方から「お客さんがいつも読んでいるらしいよ」と嬉しい言葉を貰うことも増えてきています。

06 セミナーや物販サイトとの連係はしていますか？

積極的にはしていません。今後はオフラインイベントの実施やネット商社との連係についても力を入れていきたいと思っています。

07 アクセス解析はどのくらいの頻度で行っていますか？

最低でも1ヶ月に一度はレポーティングを行います。ターゲットとしている若年層のPV数はもちろん、コーポレートサイトへの流入数もKPIとしています。SEO対策という意味では1週間に一度以上チェックすることもあります。

08 今後、別のブランドでオウンドメディアを立ち上げる予定はありますか？

現時点ではありません。ロームにはもう1つ、電源設計の技術情報サイト「Techweb」というメディアがあり、そちらの多言語展開は進めています。

02 サイボウズ式

URL http://cybozushiki.cybozu.co.jp/

サイボウズ株式会社
ビジネスマーケティング本部
コーポレートブランディング部
サイボウズ式 編集長
藤村 能光（ふじむら・よしみつ）

会社名 サイボウズ株式会社　**URL** http://cybozu.co.jp/

会社概要 クラウドベースのグループウェアや業務改善アプリを軸に、世界中の「成果を生み出すチーム」を支援する「サイボウズ」。国内外で62,000社のお客様に導入いただいています。

01 オウンドメディアを始めたきっかけは？

BtoBのお客様以外のユーザーへの認知拡大が必要と考え、オウンドメディアを手段として企業コミュニケーションをしていくことになったのがきっかけです。

02 記事のネタはどのように探していますか？

編集部員が気になったニュースや、興味・関心を持った記事をそれぞれ探して、グループウェア（オンライン）と編集会議（オフライン）で共有するようにしています。

03 特集などはよく組まれますか？

特集を組むことはほとんどありません。

04 他のメディアと連係をしていますか？

連係しています。サイボウズ式の記事転載は『BLOGOS』『ハフィントン・ポスト』『Lifehacker』『ITmedia』。コラボ企画として『ぼくらのメディアはどこにある？』（講談社 現代ビジネス）、『ハーバード・ビジネス・レビュー読者と考える「働きたくなる会社」は』（ダイヤモンド社）などがあります。

05 お客様との接点ができたという実感はありますか？

記事の感想をソーシャルメディアでつぶやいてくれるお客様がいたり、採用面接を受けに来た方が「サイボウズ式」で自社を知ったということがあったりしました。

06 セミナーや物販サイトとの連係はしていますか？

サイボウズ式で企画した記事の反響をもとに、サイボウズ式編集部主催の勉強会やセミナーを実施したことがあります。サービス販売サイトとの連係は特にありません。

07 アクセス解析はどのくらいの頻度で行っていますか？

記事を公開した日は、リアルタイム解析機能を使って数値の増減を見ています。それ以外は、週に1回、サイボウズ式の各種数値を把握しています。

08 今後、別のブランドでオウンドメディアを立ち上げる予定はありますか？

現状はありません。

Interview オウンドメディア成功事例

03 YEs! MAGAZINE

URL http://y.sapporobeer.jp/

サッポロビール株式会社
後藤　正明（ごとう・まさあき）

会社名 サッポロビール株式会社　　**URL** http://www.sapporobeer.jp/

会社概要　サッポロビールは、お酒を製造・販売する事業を通して、「楽しさ」や「喜び」、「明日への活力」といった価値をご提供し、豊かで潤いのある生活の実現に貢献することを目指しています。
130年以上にわたる歴史の中で培ったモノづくりへのこだわりと開拓者精神が脈々と受け継がれ、ビールのみならず、ワイン、焼酎、洋酒、RTD、ノンアルコールなど、ラインアップを次々と広げています。
それらの商品を通して、サッポロビールは、お客様に「サッポロビールを選んでよかった」と言われる企業でありたいと考えます。

01 オウンドメディアを始めたきっかけは？

ヱビスビール126年の歴史に裏打ちされた「品質」を訴求するためには、オウンド領域のみで広告展開するだけでは生活者と握手できないのでは？という考えから、コンテンツ（＝第三者視点によるWebマガジン）を展開することになったのが始まりです。

02 記事のネタはどのように探していますか？

素材、製法、トリビア、トレンドなど、ビールにまつわる事実をネタの種子としています。ヱビスブランド、またビールというカルチャーが内包する情報と事実をいかに生活者が読んで楽しい記事・情報へと翻訳するかというアプローチで企画化を行っています。

03 特集などはよく組まれますか？

特に「特集」と銘打つことはありませんが、限定醸造の商品などが発売されるタイミングでは、その商品でしか語り得ない記事を集中投下することがあります。またブランドのキーワードの1つである「ハレの日」にちなんだ企画の縦軸などは存在します。

04 他のメディアと連係をしていますか？

現在、SmartNews、Gunosy、Yahoo! JAPANなどの媒体に、当コンテンツの導線となる枠を用意しています。また、『ヱビスビールFacebook』と連動して、既存のコアファンを情報の一次拡散者としてコンテンツの伝播の一翼を担っています。

05 お客様との接点ができたという実感はありますか？

Facebookにおいて、いいね！、コメント、シェア等のアクションを確認しています。エンゲージメントが高い程、記事に対する興味・関心を実感することができますが、特にコメントにおいて生活者のリアルな体温を感じています。

06 セミナーや物販サイトとの連係はしていますか？

セミナーやECとの連係は行っていませんが、記事内や記事出口に商品ページへのリンクを設置、他の記事への最適な誘導という役割はアウトブレインを導入し、ヱビスブランドサイト内部の回遊を促す取り組みを行っています。

07 アクセス解析はどのくらいの頻度で行っていますか？

毎月一回のペースで、記事ごとのアクセス解析を行っています。2015年に100本の記事を配信していますので、その結果に基づいた分析を、2016年の執筆や構成に反映させています。

08 今後、別のブランドでオウンドメディアを立ち上げる予定はありますか？

ヱビスブランドの情報発信強化のため、その時の時代や環境の変化に合わせて、必要に応じて検討していきたいと考えています。

04 経理プラス

URL http://keiriplus.jp/

株式会社ラクス
クラウド事業本部
ファイナンス・クラウド事業部
阿部　今日子（あべ・きょうこ）

会社名 株式会社ラクス　**URL** http://www.rakus.co.jp/

会社概要 2000年11月1日設立。代表取締役社長 中村崇則。「IT技術で中小企業を強くします」というビジョンのもと、中小企業に対し、クラウド・コンピューティングを活用したITシステムを提供。2001年発売開始のメール共有・管理システム「メールディーラー」に始まり、現在では交通費・経費精算システム「楽楽精算」など多数のサービスを提供し、延べ40,000社への導入実績を持つ。2015年12月東証マザーズ上場。

01 オウンドメディアを始めたきっかけは？
弊社では、経理担当者様向けの業務効率化サービスを提供しています。ターゲットである経理の方と、より多くの接点を持ち、製品を知っていただくことはもちろん、有益な情報を発信することはできないかと考えた結果、オウンドメディアという方法に至りました。

02 記事のネタはどのように探していますか？
基本は、経理業務に関連するキーワードから作成しています。その他、経理に影響するニュースは素早くお届けできるよう、会計・財務・税制系の情報は常にチェックしています。また、読者にアンケートをとり、どのような記事が読みたいかをうかがうこともあります。

03 特集などはよく組まれますか？
特集ではないかもしれませんが、調査データをまとめた記事や、現場で働く経理の方へのインタビューは定期的に配信しています。

04 他のメディアと連係をしていますか？
他社様のメディアへ寄稿をしたり、逆に寄稿をしていただいたり、という連係は行っています。今後、同じ経理向けのメディアと共催でイベントをしてみたいという目論見もあります。オフラインでのメディアと読者のつながりの場も提供できれば、と画策中です。

05 お客様との接点ができたという実感はありますか？
記事のリクエストや、お悩みをいただくことも増え、オウンドメディアでなければできなかったつながりができたと感じます。また、最近では読者が参加する「座談会」を実施しました。読者同士のつながりも「経理プラス」を通して活性化していければと考えています。

06 セミナーや物販サイトとの連係はしていますか？
これまではメルマガの購読者へ弊社が開催するセミナーのご案内をしていました。今年からは「経理プラス」主催でセミナーを実施し、サイトを含め広く告知をしていく予定です。「経理プラス」や弊社のことを知っていただく、新しい機会となればと思っています。

07 アクセス解析はどのくらいの頻度で行っていますか？
アクセス数、メルマガ登録などのコンバージョン数は日次でチェックし、配信記事や施策による影響がどのくらいあったのかを確認しています。その他は都度、記事ごとのPV数、資料のダウンロード数、製品サイトへの送客数など、複数の指標に基づき分析をしています。

08 今後、別のブランドでオウンドメディアを立ち上げる予定はありますか？
弊社では、2013年より『メルラボ』というオウンドメディアを運営しており、そこでの成功ノウハウの元、『経理プラス』の開設に至ったという背景があります。ですので、『経理プラス』でもっと成果を出せれば、別ブランドでの立ち上げもあるかもしれません。

Interview

オウンドメディア成功事例

05 マンション・ラボ

URL http://www.mlab.ne.jp/

株式会社つなぐネットコミュニケーションズ
事業推進本部　WEB事業部
WEB企画営業課
伊藤　鳴（いとう・なる）

会社名 株式会社つなぐネットコミュニケーションズ　**URL** http://www.tsunagunet.com/

会社概要 「マンション生活をより豊かにする」という企業理念のもと、当社は2001年1月に事業を開始しています。マンション専門インターネットサービス「e-mansion」（**URL** http://www.em-net.ne.jp/）というブランドにて全国のマンションに提供しています。あわせて、防災やコミュニティ形成支援、Webアプリケーションサービスの提供、マンションライフに役立つ情報の発信など、マンション居住者様をはじめ、マンション開発や管理・運営に携わる事業者様に役立つサービス・技術を開発・提供しています。

01 オウンドメディアを始めたきっかけは？

当社の各事業を展開していくなか、ほぼすべての事業領域でマンション居住者様との接点が生まれています。そこから、マンション特有の課題や問題があるとわかりました。また、マンション購入に関する情報は顕在化していたのですが、マンション生活に関するさまざまな課題解決のヒントやアイデアにつながる情報発信という切り口のメディアは少なかったことも当社のリサーチで確認でき、「この分野のユーザーニーズもあるはずだ」と判断の上、2011年2月にサイトオープンいたしました。

02 記事のネタはどのように探していますか？

マンションに関する情報を、マンション居住者様より寄せられたアンケート結果をはじめ、自社の社員や関連する企業様より収集し、ネタにしています。また、雑誌やネットニュースなども定期的にチェックし、一般的なトレンドなども取り入れるよう心掛けています。

03 特集などはよく組まれますか？

頻繁には行っておりませんが、近い将来注目されるテーマなどの際に注力し、最近では民泊問題を取り上げております。その他、編集部員がマンション生活のさまざまな「ふとした疑問」に挑戦をする企画「やってみ隊」なども掲載しています。

04 他のメディアと連係をしていますか？

現在「MAJOR7」というWebサイト内にある「MAJOR'S BLOG」というコーナーと一部連係しています。

05 お客様との接点ができたという実感はありますか？

マンション・ラボでは、マンション生活に関するさまざまなアンケートにお答えいただく「アンケート会員（マンション居住者様）」約16,000名を対象に、アンケートや座談会などを実施し、お客様との接点強化を行っています。

06 セミナーや物販サイトとの連係はしていますか？

マンション・ラボのアンケート会員様を対象としたセミナーを独自に開催することはありますが、連係などは行っておりません。

07 アクセス解析はどのくらいの頻度で行っていますか？

担当者が毎日定期的にサイトのPVなどの状況把握を行いつつ、1ヶ月に一度アクセス解析を行い、サイトの改善等を図っています。

08 今後、別のブランドでオウンドメディアを立ち上げる予定はありますか？

特にありません。

06 ワークサイト

コクヨ株式会社
WORKSIGHT 編集長
ワークスタイル研究所
主幹研究員
山下　正太郎
（やました・しょうたろう）

URL http://www.worksight.jp/

会社名　コクヨ株式会社　URL http://www.kokuyo.co.jp/

会社概要　コクヨグループは、文具、事務用品を製造・販売するステーショナリー関連事業と、オフィス家具、公共家具の製造・販売、オフィス空間構築などを行うファニチャー関連事業、オフィス用品の通販とインテリア・生活雑貨の販売を行う通販・小売関連事業から成っています。
【参考】http://www.kokuyo.co.jp/com/

01 オウンドメディアを始めたきっかけは?
世界の先端をゆく組織の働き方やワークプレイスを広く紹介することを、研究活動の一環として2011年に創刊。取材・研究を通して得た新しい働き方の潮流を、読者と共有し、これからの働く環境を一緒に考えるプラットフォームとなることを目指しています。

02 記事のネタはどのように探していますか?
MAGAZINE版の海外事例については、編集部が独自に構築した世界各地のネットワークからの情報提供が中心です。Web版の国内インタビュー記事については、テーマに合致する専門家を独自に情報収集しています。

03 特集などはよく組まれますか?
年2回発行の紙媒体（MAGAZINE版）では、グローバルで起こっているトレンドについて各号で特集を組んでいます。

04 他のメディアと連係をしていますか?
2016年1月よりニューズウィーク日本版への記事提供を開始。ワークプレイス事例、インタビューなどさまざまなタイプの記事を転載し、広くビジネスパーソンへの訴求を行っています。【参考】http://www.newsweekjapan.jp/writer/worksight/

05 お客様との接点ができたという実感はありますか?
働き方／ワークプレイス分野のトレンドについては、国内よりも海外の方が先行するため、それらの情報をいち早くつかむことで、顧客やパートナーから信頼を得ることにつながっています。

06 セミナーや物販サイトとの連係はしていますか?
不定期で編集部が主催するイベントではMAGAZINE版の特集と連動して、「働く環境を考える企業キーパーソン」のコミュニティ作りを目指しています。物販については、MAGAZINE版のみAmazon.co.jpで行っています。【参考】http://www.worksight.jp/magazine/

07 アクセス解析はどのくらいの頻度で行っていますか?
短期では週1回程度。週次でアップする記事の反応を見るためです。長期では四半期に1回程度。メディア全体のレビューとして、記事のアクセス状況の他、サイト自体の改善点を探っています。

08 今後、別のブランドでオウンドメディアを立ち上げる予定はありますか?
現段階での構想はありません。

Interview

オウンドメディア成功事例

07 Sprocket 公式ブログ

URL https://www.sprocket.bz/blog/

株式会社 Sprocket
代表取締役
深田 浩嗣
(ふかだ・こうじ)

会社名 株式会社Sprocket　　**URL** https://www.sprocket.bz/

会社概要 株式会社ゆめみの新規事業を 2014 年 4 月に分社独立して誕生しました。マーケティングの領域において、Web 接客を自動化するプラットフォーム Sprocket を提供することで、デジタル時代ならではの企業と消費者の結びつき（エンゲージメント）を創造していく会社です。

01 オウンドメディアを始めたきっかけは？

まだなじみのない Web 接客の概念を発信することを目的に始めました。代表の意見や考え方を表明する場所であると同時に、パートナー企業や研究者との対談記事なども発信し、業界を盛り上げることを目指しています。

02 記事のネタはどのように探していますか？

日常的な情報収集の中で気になったトピックを調査したり、クライアントとのディスカッションで感じたりしたことをテーマに執筆しています。また、対談記事、事例紹介などは取材して記事を制作しています。

03 特集などはよく組まれますか？

特集という形ではありませんが、話題の技術などについて、エンジニア視点からの調査研究を紹介する記事を掲載するなど、話題のトピックはいち早く紹介するようにしています。

04 他のメディアと連係をしていますか？

Facebook、Twitter で投稿をシェアしています。Facebook 広告を使う時もあります。また Marke Zine（**URL** http://markezine.jp/）に連載をしているので、記事掲載前に予告として取材の裏話を掲載するといったこともあります。

05 お客様との接点ができたという実感はありますか？

導入事例などでインタビューにご協力いただくことで、普段は聞けないようなお話をいただくこともあります。お客様からも記事を読んでいると言っていただけることが増えてきました。打ち合わせの前にあえて関連するトピックを取り上げることもあります。

06 セミナーや物販サイトとの連係はしていますか？

セミナー集客の一貫として、共催する企業の登壇者と対談する記事を掲載しました。実施したセミナーのレポートも用意しているところです。

07 アクセス解析はどのくらいの頻度で行っていますか？

月に 1 回程度、振り返りで実施しています。PV などを見てみると意外な記事に人気が集まることがあり、ユーザーの関心事を知る上で役に立ちます。あとは、お問い合わせ、資料ダウンロード件数なども KPI としています。

08 今後、別のブランドでオウンドメディアを立ち上げる予定はありますか？

現状はありませんが、エンジニアブログなども別途立ち上げられたらと思います。

Chapter 1

オウンドメディアを運用するメリット

オウンドメディアを用意することはどのようなメリットがあるのでしょうか。ここでは、オウンドメディアの概要とできることなどについて整理します。

01 オウンドメディアとは

オウンドメディアとは、自社で所有するメディアのことです。オウンドメディアを理解するには、トリプルメディアのそれぞれの意味とオウンドメディアの関係を知る必要があります。

所有するからオウン= Owned メディア

　オウンドメディアとは、自社で所有、管理しているメディア（媒体）のことです。自社が所有しているので、コンテンツの管理、内容のコントロールなどは、自社で行います。自社で構築したメディア上に、自社の管理のもとコンテンツを配信していれば、自社メディアなどおおがかりなものに限らず、Webサイトやブログ、ECサイト、メールマガジン、スマートフォンのアプリなどもオウンドメディアに含まれます。もちろん、オウンドメディアはオンラインには限りません。自社で発行している月刊誌、カタログ、パンフレットなどの紙媒体、あるいはDVD、自社で主催するイベントやセミナーもオウンドメディアに含まれるのです。ですから、ほとんどの会社がすでにオウンドメディアを持っている、運用しているはずです。

　それでは、なぜ今オウンドメディアが注目されているのでしょうか。それはマーケティング活動において「トリプルメディア戦略」（3つのメディア戦略、図1）という考え方があり、このバランスが変わってきているからです。そして、オウンドメディアはこのトリプルメディア戦略のうちの1つというわけです。

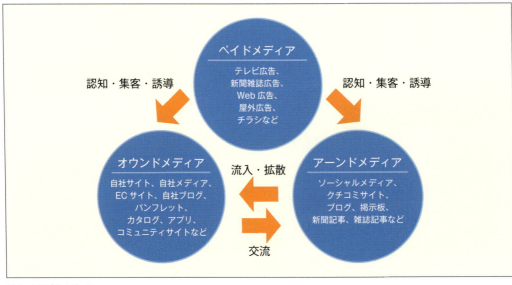

図1：トリプルメディア

トリプルメディアを理解する

さて、トリプルメディアのうち残りの2つは「ペイドメディア」と「アーンドメディア」です。

ペイドメディア

ペイドメディアとは、外部のメディアなどに料金を支払って（pay＝支払う）コンテンツを掲載するメディアで、「広告」がこれに該当します。広告の場合、コンテンツの内容は広告主側である程度管理することができます。また、広告を配信するメディアによっては、オウンドメディア、アーンドメディアではリーチできないターゲット層に情報を届けることもできます。もちろん、ペイする（お金を支払う）ことが条件なので広告配信のための費用がかかります。以前は、多くの人に情報を届けるためには、テレビ、新聞、雑誌、ラジオなどいわゆるトラディショナルメディア（伝統的なメディア）に費用を支払って、広告を配信してもらうことが重要でした。

インターネットの普及により、広告はトラディショナルなものだけにとどまらず、Webメディアにバナーを掲載するバナー広告、検索サイトの検索結果に表示する検索連動型広告（リスティング広告）、メールマガジンに掲載されるメルマガ広告、さらには広告掲載メディアと同じフォーマットで掲載するネイティブアドなど、オンラインの広告の種類や影響力も増えてきています。

アーンドメディア

そして、3つ目のアーンドメディアは、獲得する（earn＝得る）メディアというように訳されることがあります。何を獲得するかといえば、情報の拡散によって、信頼、評判です。情報の拡散に利用されるメディアは、クチコミ、ソーシャルメディア、一般の人のブログ、掲示板などです。さらに、最近はオンライン上のコンテンツを選別して配信する「キュレーションメディア」（Gunosy、SmartNews、antennaなど）が人気になっていますが、これらもアーンドメディアに入ります。ユーザーがまとめを作る「Naver まとめ」などのサービスもアーンドメディアですし、レビューやクチコミサイトなどもアーンドメディアです。それから、話題の商品ということで、テレビや新聞に取り上げられることもありますが、取り上げてもらうのに費用が発生していなければ、アーンドメディアということになります（費用を支払って、取り上げてもらう場合はペイドメディアとなる）。

Facebook、Twitter、YouTube、LINE、Instagramなどのソーシャルメディアはアーンドメディアの代表です。企業がFacebookページ、Twitterアカウントなどを用意して、ファンを作り情報を発信する場合も、アーンドメディアを活用しているということになります。なお、アーンドメディアの情報は基本的に企業がコントロールできるものではないということに注意してください。企業が運用するページの発信情報はもちろん企業のほうでコントロールできますが、その投稿がどうシェアされるか、どのようなコメントが付くかはわかりませんし、コントロールできるものではありません。アーンドメディアは、拡散によって企業にとってよいこともあれば、逆に炎上など悪いことを引き起こすこともあります。

トリプルメディアのバランスを考える

このトリプルメディアですが、どれか1つだけ運用すればよい、というものではありません。3つをうまく活用することでマーケティング効果を最大にすることができるのです。ただ、かつては企業単体や個人は情報の発信力が弱かったので、多くの人に情報を届けるためには、ペイドメディアに頼りがちでした。

しかし、ソーシャルメディアやキュレーションメディアなどのアーンドメディアの台頭によって、個人でも情報を発信し多くの人に届けることができるようになりました。そして、アーンドメディアのクチコミによる拡散によって、オウンドメディアの情報もより多くの人に届けることができるようになりました。

Memo キュレーションメディア

Webにあるコンテンツを特定の切り口やテーマでまとめたメディアのことです。

- Gunosy（グノシー）
  URL https://gunosy.com/

- SmartNews（スマートニュース）
  URL https://www.smartnews.com/ja/

- antenna（アンテナ）
  URL https://antenna.jp/

オウンドメディアでキャンペーンを開催する例

ある例を考えてみましょう。ある企業がプロモーションのためのキャンペーンサイトをオウンドメディアに用意しました。キャンペーンページを知ってもらうために、自社で運用しているソーシャルメディアで情報をシェアしました。キャンペーンに参加した人や興味を持った人がソーシャルメディアでキャンペーン情報をさらにシェアすることで、拡散されました。その企業では、キャンペーンのための予算があったので、キャンペーン開催の告知を、Facebook広告とTwitter広告を使って配信しました。

この事例では、オウンドメディアを起点に、アーンドメディアで拡散をはかり、ソーシャルメディアの広告（ペイドメディア）を使って、さらに多くの人に情報を届けるようにしています。

ペイドメディア、アーンドメディアを活用しなければ、オウンドメディアでどんなによい情報を発信しても、多くの人に知ってもらうことは難しい時代です。オウンドメディアだけに取り組むのではなく、マーケティングの施策としてトリプルメディアを組み合わせて、最適なバランスで活用するのだということを意識してください（表1、図2）。

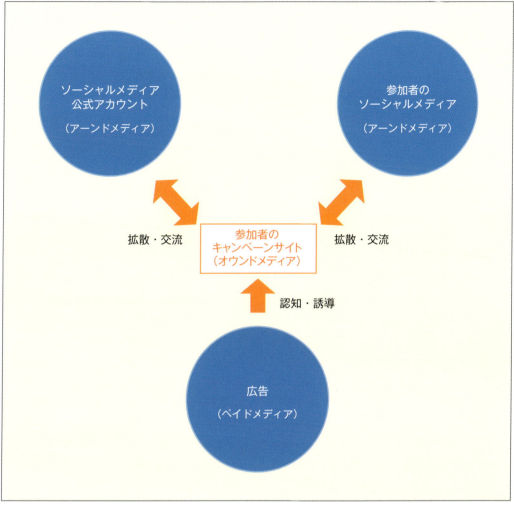

図2：オウンドメディアからの拡散の図

種類	特徴	情報のコントロール	信頼度
オウンドメディア	企業が所有するメディア	可能	読者に役立つ情報を継続的に発信できれば、信頼を得ることができる
アーンドメディア	獲得されたメディア	不可能	リアルなクチコミとして評価される
ペイドメディア	費用を支払って掲載されるメディア	可能	広告として評価される。掲載媒体によっては広告掲載が信頼につながることもある

表1：トリプルメディアのまとめ

02 広告が伝わりにくい時代になった理由

広告はトリプルメディアのうちの1つですが、広告が届きにくくなっている現状があります。なぜ、広告が届きにくいのかその理由を知っておきましょう。

かつては絶大な効果を持っていたトラディショナルメディアの衰退

ペイドメディアの紹介で、テレビ、新聞、雑誌、ラジオなどがトラディショナルメディアと呼ばれていることを述べました。多くの人が指摘するように、トラディショナルメディアは、接触する人の数が減少傾向にあります。2000年以前は、趣味など特定のテーマにフォーカスした雑誌が数多く発刊されており、そこから最新情報を入手する人が多かったのですが、インターネットの普及により最新情報はネットで手に入れるという人が増えた結果、多くの雑誌が廃刊しています。新聞も若年層の新聞購読率は下がる一方です。テレビは番組を録画して視聴する人が増えたおかげで、番組は見ても広告はスキップされて見られなくなっています。

そもそも、10代の若い世代はテレビへの関心が薄く、YouTubeなどで動画を見ている人も増えています。最近は、Amazon、Hulu、Netflixなどオンラインでドラマや映画などのコンテンツを定額で配信するサービスが始まっており、テレビのように配信されるものを見るのではなく、自分が見たい番組を選んで見るという視聴スタイルも一般的になっています（図1）。

一方で、トラディショナルメディアの広告出稿費は非常に高額であることから、トラディショナル広告を出稿している企業は安定している、信頼できる、と考える人がいるのも事実で、企業のブランディングにおいては重要な施策です。またテレビ離れが進んでいるといっても、数十万人、数百万人に同時に情報を届けられるという点では、他の広告媒体の追随をゆるしませんので、影響力はまだ大きいといえるでしょう。

図1：メディア接触率の変化
出典：「平成26年情報通信メディアの利用時間と情報行動に関する調査」（総務省）
URL http://www.soumu.go.jp/main_content/000357568.pdf を参考に作成

多種多様なオンライン広告

　2016年に電通が発表した「日本の広告費」によれば、トラディショナルメディアの広告費は前年比97.6%と減少傾向にありますが、オンライン広告は前年比110.2%と拡大しています。バナー広告、リスティング広告、ソーシャルメディア上の広告、記事広告（タイアップ広告）、動画広告、スマートフォンの広告など、形態も配信方法もまったく異なるさまざまな広告が登場しています。

　しかし、オンライン広告も今曲がり角に来ています。1つはiOS 9に搭載されたアドブロックの機能です。iOS 9のアドブロック機能では、アドブロックアプリを導入することでブラウザのSafariで閲覧中のメディアに広告が掲載されていた場合、その広告をブロック（非表示）する機能です。これによって、ユーザーは広告を見ないでコンテンツの閲覧ができるようになりました。

　また、広告主が費用を支払って制作した広告コンテンツなのに、広告であることを示す「PR表記」をしない、いわゆるノンクレジット広告が問題になっています。読者から見ると、一見中立な立場から制作されたコンテンツのようでありながら、実際には広告であることから、読者を騙す手法です。広告表記の原則は一般社団法人 日本インタラクティブ広告協会（JIAA）が提唱する「インターネット広告倫理綱領及び掲載基準ガイドライン」にも明示されており、広告主、広告配信するメディアの両方が守るべき事柄であるにもかかわらず、違反している企業やメディアが存在することから、今一度広告のあり方を見直す時期に来ていると言えます。

　数年前には、一般人や芸能人に費用を払ってよいクチコミをブログなどで書いてもらう「ステルスマーケティング」（ステルスとは軍事用語で敵に見つからないようにすること）、いわゆるステマが問題になりました。「ステルスマーケティング」に続き「ノンクレジット広告」がオンライン広告の問題となることで、広告を見る一般の人々も広告に対してより厳しい目を向けるようになっています。

価格で人を集めると長期的に苦しくなる

　広告のもう1つの課題が価格競争になりやすいことです。例えばECサイトがオンライン広告を出稿する場合、広告をクリックしてもらうには、セールや割引など価格に訴えることが一番です。そこで、広告に合わせたセール品を用意することになります。

　それだけではありません。広告で見た価格に誘われてやってきた顧客は、さらに安いものを探し求める傾向があります。インターネットでは価格を比較するサイトもありますし、一番安いお店で買う人も多いのです。初回限定サービスを企画した場合、初回だけ買い物をして、二度と買い物をしないという顧客もいます。こうした顧客はバーゲンハンター、チェリーピッカー（美味しそうなさくらんぼだけつまみ食いする人）と呼ばれる利益につながりにくい顧客です。

　こうした顧客ばかりが増えると、ECサイトの売上が一時的に上がっても利益が増えないという苦しい状態になってしまいます。

オウンドメディアを運用するメリット

広告からオウンドメディアに転換する

　広告には課題があるけれど、ECサイトにしろ、Webサイトにしろ、オンラインで直接人を集めるには、「広告を出すのが一番」と考えているかもしれません。検索連動型広告（リスティング広告）の場合、広告を掲載している時は顧客が増えるかもしれませんが、広告を止めたら訪問が途絶えてしまうということがあります。だから広告の配信を止められなくなってしまうのです。

　しかも広告にはたくさんの競合がいます。大手ECサイトもあれば、超有名企業や有名ブランドもあります。こうしたライバルに打ち勝って広告表示されるためには高い広告費用がかかります。しかし毎月数十万を超える多額の広告費用をかけるのは小さな企業にとっては予算確保をするだけでも大きな負担になります。

　それではどうしたらよいのでしょうか。読者の方は、わからないことをインターネットで調べた時に「お役立ち情報」を見つけたことはありませんか。その情報は誰が提供しているものでしょうか。特定のテーマに特化したメディアかもしれませんし、掲示板やQ&Aサイトかもしれません。あるいは、企業や店舗、個人が運営するブログかもしれません。ユーザーが情報を探している時に、その答えとして自社のオウンドメディアのコンテンツが表示されたらどうでしょうか。情報を探している人は、自然に自社のコンテンツを読み、結果として自社のことを知ってもらえる可能性があります。自社で所有しているメディアであれば、先ほどオンライン広告の課題で上げたような「ステルスマーケティング」「ノンクレジット表記」問題とは無縁です。これがオウンドメディアが注目される理由の1つなのです。

価値のあるコンテンツがよい顧客を集める

　しかし、オウンドメディアは自社で好きなようにコントロールできるからといって、自社にとって都合のよいことばかり並べても、信頼を得ることはできませんし、そもそもきちんと読まれないこともあります。

　オウンドメディアを自社に都合のいいことを自由に書けるメディアととらえるのではなく、顧客や見込み顧客、潜在顧客に役に立つ情報、価値のある情報を発信する必要があることを肝に銘じておきましょう。

> **COLUMN**
> ### ネイティブアドとは
> 　ネイティブアドというのは、最近注目されている新しい広告形態です。ネイティブアドの定義には、いろいろありますが、最も重要なことが、その広告を掲載しているメディアの他のコンテンツと同じフォーマット、機能で提供される広告であり、広告主名とPR表記があることです。
> 　最もわかりやすいネイティブアドの形式の1つがFacebookのニュースフィードに表示される広告です。友達の日常の広告に混ざって、企業からの広告が表示されるので、ユーザー体験を大きく損ねることなく、広告を見てもらうことができる手法として注目されています。

03 ユーザーの自発的な情報探索と拡散

かつては、広告などから情報を得て購入の決定をしていましたが、最近はクチコミ情報など、実際に利用した人のレビューを参考に商品を購入しています。ユーザーは情報をどう探しているのでしょうか。

商品を購入する前に情報を収集する

商品を購入する、あるいはサービスを受ける前に、インターネットで検索してその商品や店の情報を検索する。こうした行動は読者の方自身もすでに日常になっているのではないでしょうか。商品やカテゴリーごとに専用の情報サイトもたくさん運営されています。

不動産の情報サイト

専用の情報サイトが充実している例の1つに、不動産があります（図1）。数年前になりますが、筆者が賃貸の物件を探して、地域の不動産会社に行ったところ、店舗のスタッフの方からすでにインターネットで物件を調査して、それを見た上で来店していることを前提に対応されました。

かつては、不動産屋は「外部には出ていない情報がたくさんあります」というようなメッセージで店頭へ誘導を図っていましたが、現在は「インターネットに掲載している物件以上のものはない」というスタンスになっているのだなと感じました。その時筆者は特に調べて来店していたわけではなく、店頭で地域の相場や雰囲気、物件の状況を聞いたほうがよいと思っていたのですが、そういった情報は事前に自分で調べるものになっていました。結局、その後自分で調べて別の不動産屋で取り扱っている物件を契約しました。もった

いつけて物件を紹介するよりも、オープンにして顧客側である程度探してもらったほうが効率がよいのでしょう。

図1：不動産の情報サイト：SUUMO
URL http://suumo.jp/

家電などの商品

不動産以外の商品についても同様です。家電などもかつては漠然と「炊飯器が欲しい」「掃除機が欲しい」という時には、家電量販店に行って相談し、購入を決定していました。こうした時代では、店員の説明やテレビ、新聞の広告の印象が商品購入において決定力になっていました。

しかし、今は情報から商品を探す時代です。しかも、その情報は売り手が「よい製品です」「性能が優れています」「お買い得です」と一方的に伝えるのではなく、買い手が能動的に情報を探索

します（図2）。購入者のレビューやソーシャルメディアの友達のおすすめ、ブログ記事など、より身近で具体的な情報ほど信用される傾向にあります。

一方で、Webサイトのほうはイメージを伝えることに躍起で、本当に購入検討者が必要としている情報が掲載されていないこともあります。また、型落ちの商品などはWebサイトから情報が削除されてしまうこともあり、Webサイトなのに情報が不十分ということもあります。

Webサイトは最後の砦であるべきなのに、情報が足りていない」という話をしていました。最後の砦というのは、ユーザーの立場から見ると、クチコミやブログなどを見て情報を得て、購入候補を数点に絞りきったところで、最終的な判断をするためにアクセスするのが公式Webサイトだということです。しかし公式Webサイトの情報が足りないばかりに、購入検討者の最後のひと押しができずチャンスを逃してしまっているというのです。この話からも、オウンドメディアとしての公式Webサイトで、どのようなことができるか、見直す時期に来ていると感じます。

最後の砦としての公式Webサイト

とあるマーケティング会社の方が「本来、公式

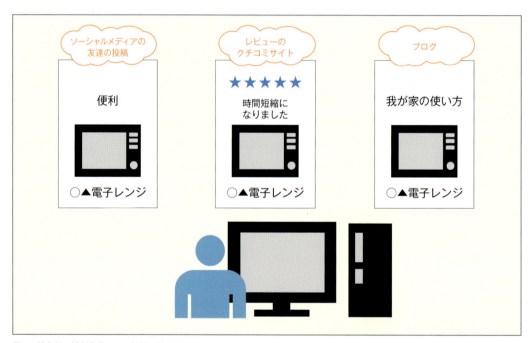

図2：購入前に情報収集して、知識を持っている

ユーザーに役立つ記事は自然に拡散する

ユーザーの情報探索は、検索だけではありません。FacebookやTwitterに代表されるソーシャルメディア上でつながりのある友達、知人、一方的にフォローしている著名人、知識人などの発信情報をチェックしています。受け取る情報の中には、人気の話題や記事、動画などがあり、シェア

されたリンクからオウンドメディアにアクセスすることもあります。

実際に自分でオウンドメディアを運営してみるとわかりますが、ソーシャルメディア経由のアクセスは非常に大きなウエイトを占めます。

オウンドメディアによって、割合はさまざまですので一概には言えませんが、おおよそ検索と同じくらいから、それに次ぐボリュームでのソーシャルメディア経由のアクセスがあるのが一般的でしょう。

ソーシャルメディア上で、多数のフォロワーを持つユーザーは他の人の購買意思決定に大きな影響を持つことから、「インフルエンサー」（インフルエンス＝影響力）と呼ばれます。

インフルエンサーがコンテンツをシェアすると、多くの人の目に触れるのでアクセスが増えますし、さらにユーザー自身もコンテンツを話題にしたりシェアすることから、そこからさらに多くのユーザーの目に触れ、結果として大量のアクセスが発生することがあります。ソーシャルメディア上で多くの人がシェアして話題になることを、「バズる」と表現することがあります（図3）。

バズ（buzz）は、英語で人ががやがやと話している状態を指しますので、buzzという英単語に「る」がついて多くの人が話題にしている状態を指します。

インフルエンサーに拡散されてバズる状態にならなくても、ユーザーは自分に役立つ情報だと思えばシェアしてくれることがあります。つまりユーザーはソーシャルメディアで情報を探すこと、自分で情報を中継することの2つを自然な行為として日常的に行っています。

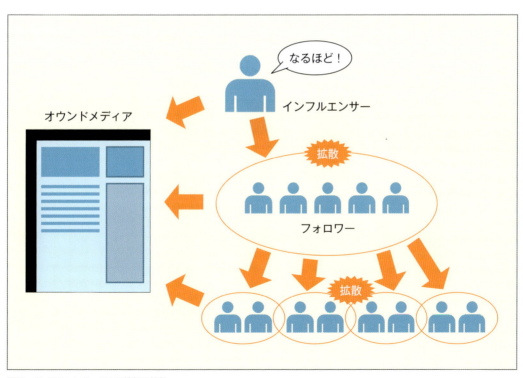

図3：インフルエンサーによる情報の拡散

COLUMN
ソーシャルグラフとインタレストグラフ

ソーシャルメディアの特性やソーシャルメディアの情報拡散を考える時に、「ソーシャルグラフ」と「インタレストグラフ」(図4)という考え方を知っておくとよいでしょう。

グラフとは、人間同士のつながりを表します。ソーシャルグラフとは、ソーシャル＝社会的なつながりを指します。例えば、友人、家族、会社の上司や同僚、大学時代の先輩、後輩など、実際の人間関係に近いつながりです。一方で「インタレストグラフ」は、興味・関心が一致する人同士のつながりです。

人の興味・関心が多様化する中で、なかなか自分と一致する人が周囲にいない、情報交換ができないということがありますが、ソーシャルメディア上で探してみると、特定の興味・関心ごとについて話題にしている人がいます。その人達とつながることで、興味・関心を軸にした人間関係である「インタレストグラフ」ができあがるのです。コンテンツを配信する時には、一致するインタレストグラフの人たちにどうすれば届くのか、インタレストグラフの中で情報がどう拡散するかを考えてみるとよいでしょう。

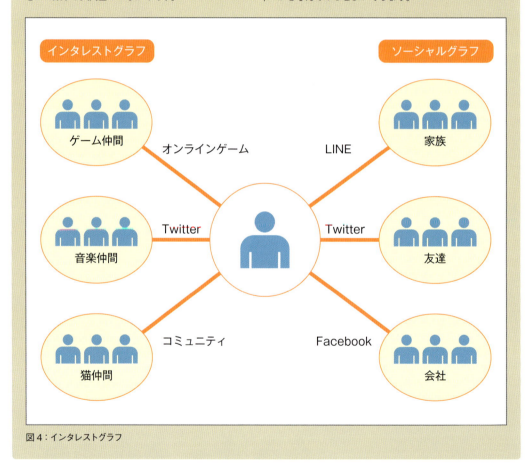

図4：インタレストグラフ

04 オウンドメディアを通して信頼される企業になる

オウンドメディアでユーザーの役に立つ情報を発信したり、あるいは情報を通してユーザーをサポートしたりすることは、信頼関係の構築につながります。オウンドメディアを継続することで、信頼度を上げることができます。

信頼度の高い企業はLTVも高くなる

あらゆるビジネスにとって、顧客から信頼されることは大きなアドバンテージになります。オウンドメディアからの情報発信を通して、自社の専門性、真摯な姿勢、ユーザーを楽しませる取り組みを続けることで、信頼を獲得できます。顧客に「あの企業なら安心」と信頼されて選ばれることは、短期的な利益だけでなく、長期的な関係構築にもなります。

マーケティングでは、1人の顧客が生涯に購入する金額をLTV（Life Time Value：顧客生涯価値）と呼びます。人口減少が叫ばれる中、よりたくさんの人に売るよりも、1人の顧客から繰り返し購入してもらうこと、より多くの商品を購入してもらうことを目指して、LTVを指標にして施策を検討する企業も増えています。

例えば、味の素株式会社ではオウンドメディアとして「AJINOMOTO Park」（図1）というサイトを運営しています。「AJINOMOTO Park」では、コミュニティを通して同社のファンを作り、同社の製品を選んでもらうことを目指しています。

他にも企業によるコミュニティサイトはたくさんあります。

筆者は、コミュニティサイトを運営している方にお話をうかがう機会が多いのですが、どのコミュニティサイトでも、ユーザーの関与度、熱量などが非常に高く、ソーシャルメディアなどとは違った雰囲気の濃いコミュニケーションが実現できているとのことです。

例えば、アンケート調査をしてみると、自由記入欄に具体的かつ詳細に意見を書いてくれる、リアルなイベントを開催すると多数の応募者が集まり参加した人が参加レポートを自ら公開してくれるというようなコミュニケーションができているとのことです。

こうした活動でファンを作っていくことが、LTV向上につながっていくはずです。

図1：AJINOMOTO Park
URL http://park.ajinomoto.co.jp/

信頼されるコンテンツとは

しかし、オウンドメディアがあれば必ず信頼が生まれるわけではありません。どのようなコンテンツを発信すれば、信頼の獲得につながるのでしょうか。ここでは、事例をもとに3つに分類してみましょう。

役立つコンテンツ

ターゲットの課題を解決するのに役立つコンテンツは、オウンドメディアにおいて必ず用意するべきコンテンツであり、信頼を築くための土台になります。

専門性の高いコンテンツ

企業は提供する製品やサービスの専門家です。その専門性を活かしたコンテンツを公開することで、「やはりあの企業はすごいな」と認識されます。例えば、フィットネスクラブの(株)コナミスポーツクラブでは、「コナミメソッドまとめ」というオウンドメディアを用意しており（図2）、スポーツインストラクターの視点からの正しい運動のコツを紹介しています。中でも注目は「正しい逆上がりの教え方」です。このコンテンツでは、同社所属の内村航平選手が動画で逆上がりのお手本を見せたり、インストラクターによる子どもの逆上がりのサポート方法などが紹介されています。子ども向けの体操教室を含め、フィットネスクラブに特化したサービスを提供しているからこそのコンテンツであり、同社のインストラクターの質を紹介する上でも役立っています。

図2：コナミメソッドまとめ コナミが教える正しい運動のコツ
URL http://www.method.konamisportsclub.jp/taiiku/sakaagari.html

企業の裏側を見せるコンテンツ

普段は表に出さない工場や社内の仕組みの話などです。例えば工場での衛生管理や品質管理を厳格にやっていることは、企業側は何となくユーザーにも伝わっているだろうと考えがちですが、案外ユーザーは知らないものです。自社が誇る仕組みや体制などを思い切ってコンテンツ化することで、信頼を生むことができるのです。

サントリーのオウンドメディア「サントリーウイスキー蒸溜所ブログ」ではウイスキーの蒸溜所の様子やウイスキー製造の工程などを紹介しています（図3）。

図3：サントリーウイスキー蒸溜所ブログ
URL http://yamazaki-d.blog.suntory.co.jp/

05 見込み顧客の獲得と育成

まだ顧客にはなっていないものの、潜在的に顧客になる可能性のある人、あるいは見込みのある人。オウンドメディアでは、彼らにアプローチすることもできるのです。

潜在顧客に訴える

　GoogleやYahoo!などの検索サイトの検索結果に表示する検索連動型広告（リスティング広告）では、キーワードを設定してそのキーワードを検索した人に対して広告を表示します。ECサイトの場合は顕著ですが、特定のキーワードで検索している時点で、その検索している人にはある程度欲しいもののイメージが決まっていて探しています。検索連動型広告は、すでに欲しいものが決まっている人に対してピンポイントで訴求するという点では、非常に優れています。

　一方で、オウンドメディアを使った情報発信は、すでに買いたいものが決まっている人よりも、ニーズが顕在化していない潜在顧客、見込み顧客に訴えかけることに適しています。プロフェッショナルな視点で紹介するコンテンツを用意しておけば、何かのきっかけ（検索、ソーシャルメディアなど接点はさまざま）でその情報を見た人は、その時すぐに購入することがなくても、何となくそのサイトやお店を覚えていることがあります。これは一般消費者向けの商品を売るB2Cだけでなく、企業に対してサービスやプロダクトを提供するB2B企業にも有効です。特に、B2Bの場合提供しているサービスやプロダクトの概念が知られていなければ、なかなか検索されません。ですから、提供するサービスやプロダクトが実現しようとしている概念、解決しようとしている顧客の抱える課題にフォーカスしたコンテンツを提供することで、まずは考え方や存在に気づいてもらうことができます。認知だけでは、実際の売上には結びつきませんが、顧客がどういうステップで製品導入に至るかを想定したカスタマージャーニーマップを用意し、どのような情報を提供すれば、次のステップに進めるかを考えてコンテンツを用意すると効果的です。

カスタマージャーニーとは

　カスタマージャーニーとは、訳せば「顧客の旅」です。つまり、顧客が商品に関連する情報や接点をどのように経由して、最終的に購入まで結びつくかを旅になぞらえて考えます。例えば、ティッシュなどの一般消費財の場合、Webのレビューを見て比較検討して、家族で相談して、最終的に購入する、というようなことはほとんどの場合ありません。店頭に行き、その場で商品を決める、継続的に使っているブランドを選択するというのが普通でしょう。このように日用品の場合は、購入の決断が短く決裁に関わる人も1人なので、店頭でいかに選ばせるか、パッケージ（これもオウ

ンドメディアの1つ）でどう訴えるかに注力すべきです。

それでは、自動車、あるいは住宅ではどうでしょうか。商品が高額であり、また買い替えが容易ではないことから、選択の失敗は大きなリスクとなります。自動車の場合は、最初の接点はテレビのCMかもしれませんし、新車発表のイベントかもしれません。知っただけでは購入には遠く、購入する前に十分な下調べをするでしょうし、カタログを取り寄せたり、ディーラーに行って試乗したり、他の車との比較検討もするでしょう。インターネットでのレビュー記事やユーザーのコメントも見るかもしれません。さらに家族で自動車を共有する場合は、運転する人全員の意見を聞く必要がありますし、他の家族が運転しない場合でも乗り心地や荷物がどれくらい積めるか、価格は適正かといったことを検討するでしょう。検討期間は1ヶ月、半年、場合によっては1年以上かかることもあります。購入失敗のリスクが大きいものは、慎重になるためにそれだけ多くの情報を求める人が多いのです。購入にいたるまでの顧客の接点、感情、検討のポイントなどをカスタマージャーニーとして整理することで、どのタイミングでどのような情報を用意しておけばよいのかが見えてきます（図1）。

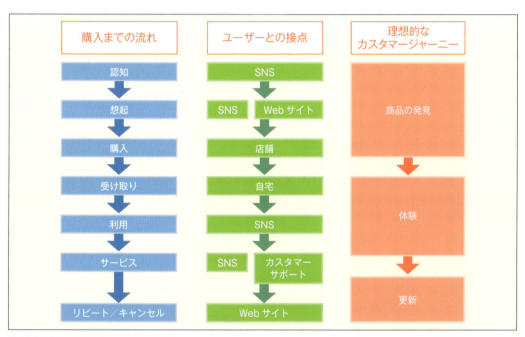

図1：カスタマージャーニー

顧客を育成するという考え方

先ほどのカスタマージャーニーの例では、潜在顧客、見込み顧客を顧客にするまでの道のりについて考えてみましたが、顧客育成はそこだけでは終わりません。その顧客が繰り返し購入してくれるロイヤルカスタマー、ブランドを愛し他の商品もそろえてくれて自分でブランドについて積極的な情報を発信してくれるようなファン、あるいは他の人にも商品をすすめてくれるようなアンバサ

ダーになってくれることが理想です。

　例えば、化粧品の例を考えてみましょう。

　何となく購入した化粧水が気に入った人は、またその商品を購入したいと思うかもしれません。しかし、購入のきっかけが「何となく」だった場合、次の買い替えのタイミングでまた何となく別の商品を選ぶ可能性もあります。

　ECサイトであれば、一度購入した人に対してコンテンツでアプローチすることができます。例えば、効果的な使用方法、他の商品との組み合わせ、ランクが上の商品の紹介、あるいはメイクアップなど別カテゴリーの商品の紹介などです。マーケティングでは、購入する人または再度購入する人が、予定よりも価格が高い商品を購入することをアップセル、他の商品を組み合わせて購入することをクロスセルと呼びます。コンテンツを通して顧客の知識を増やしたり、関心を高めることでアップセル、クロスセルに導くことができ、まさに顧客を育てていくことができるのです。

　これまで、電話などダイレクトマーケティングで、アップセル、クロスセルを目指そうとすると押し付けがましくて、非常に顧客から嫌がられるということがありました。実際、一度買っただけのメーカーからしつこく電話がかかってきたら、二度と買わないと思う人がほとんどでしょう。しかし、オウンドメディアを通したコンテンツ配信であれば、ユーザーが自主的に情報を見に来るので、嫌がられません。むしろ、丁寧な情報配信によって、好感を持ち愛されるブランドになるのです（図2）。

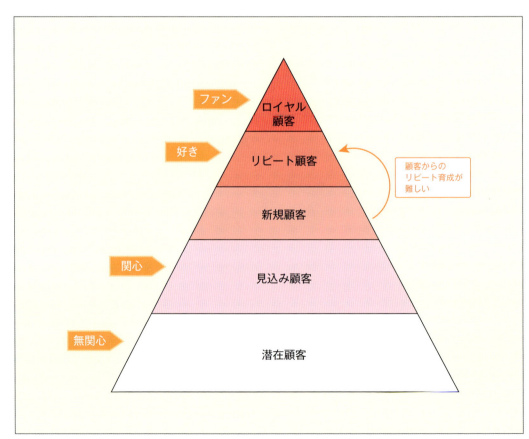

図2：顧客が育っていくイメージ

06 オンラインでオウンドメディアを運用するメリット

企業が所有しているメディアはすべてオウンドメディアですから、オンライン、オフライン含めてたくさんのオウンドメディアがあります。ここでは、特にオンラインでオウンドメディアを運用することのメリットをまとめました。

オウンドメディア、関連Webサイトへの流入

ユーザーは情報を受けるだけでなく、自分で必要な情報を探していることについて、前述しました。オウンドメディアに、ユーザーに役立つ情報を定期的に発信することで、まさにユーザーから「見つけてもらう」ことができます。

オウンドメディアで良質なコンテンツを配信することは、そのままSEO（検索エンジン最適化）対策になります。2015年11月にGoogleはコンテンツの品質の評価担当者が、どのようにコンテンツの品質を評価するのかをまとめたガイドラインを公開しました（図1）。

そのガイドラインでは、内容がきちんと書かれており、ユーザーからの評価が高く、サイト内で正しく配置されているコンテンツを高く評価されることが強調されています。かつては、SEO対策の中には、外部サイトからのリンク数（被リンク数）を増やすことなどがありましたが、意図的に作成された被リンク数はもはや役に立たず、本当にユーザーの役に立ち、自然に被リンクを獲得するコンテンツのみが評価される時代になっているのです。

オウンドメディアが検索結果に表示されやすくなれば、訪問者が増えます。オウンドメディア経由で、関連する別のオウンドメディア（自社WebサイトやECサイトなど）に誘導するようにすれば、全体的にアクセスが増え、母数が増えた結果として最終的なコンバージョン（会員登録、購入、問い合わせなど）もアップしていく可能性が高まります。

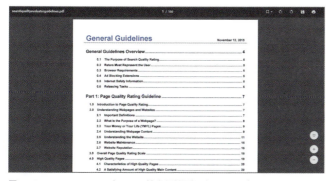

図1：General Guidelines（Google 検索品質評価ガイドライン）
URL http://static.googleusercontent.com/media/www.google.com/ja//insidesearch/howsearchworks/assets/searchqualityevaluatorguidelines.pdf

人材採用につながる

　オウンドメディアの運営は、顧客からの信頼感の獲得だけにとどまりません。自社の専門性やスキルなどをコンテンツとして発信することで、自社に興味を持ってくれる求職者も獲得できます。公式サイトだけでは伝えきれない自社の文化や社風なども伝えられます。オウンドメディアに求人を掲載しておけば、有料の求人サイトに求人票を掲載しなくても、人材を獲得できることもあるのです。特に、すぐに人材が欲しいわけではないが、いい人がいたら採用したいという状況では、オウンドメディアを通して会社の魅力を伝えることで、自社にマッチした人材との出会いがあることがあります。

　さらに、求職者だけではありません。業界に特化した専門的なコンテンツを発信することで、業界での知名度、信頼度が上り、業務提携などビジネスパートナーを獲得したり、その分野のリーダーとして業界をひっぱっていくこともできます。

売上の向上

　オウンドメディアで定期的なコンテンツを配信していれば、売上がすぐに上がる、ということは残念ながら約束できません。しかし、品質の高いコンテンツを定期的に更新し続ければ、必ず売上もついてくるはずです。

　ブログを開始した場合、実際のコンバージョンに変化が現れるのは半年を過ぎてから、と言われます。まずは半年から1年はオウンドメディアでの情報発信を続け、売上などへの影響を評価します。

　ただし、オウンドメディアの運営が売上貢献につながったのかどうかは評価しにくいポイントでもあります。他に広告や新製品のリリース、営業の強化などを行っている場合、それぞれの施策の成果をはかりにくいことがあるからです。よって、オウンドメディアからの売上への貢献がはっきりわからない場合は、その他の指標を使って評価することが重要です。

Chapter 2

オウンドメディアでできること

オウンドメディアではどんなことができるのでしょうか。ここでは具体的な事例をもとにコンテンツを4つのパターンに分類してみました。

01 オウンドメディアで掲載できるコンテンツ

オウンドメディアに掲載できるコンテンツにはさまざまな種類、形態がありますし、コンテンツの性質も千差万別です。オンラインではどんなコンテンツがあるでしょうか。

オンラインのコンテンツ

オウンドメディアに掲載できるオンラインのコンテンツには、以下のようなものがあります。それぞれの特性について考えてみましょう。

ブログ記事

ブログとは、タイトル、本文からなる記事コンテンツです。オウンドメディアの中でも、記事コンテンツは最も重要な施策です。ブログでは、日記、意見、主張、取材記事、事例、操作説明、おすすめ紹介、イベントレポート、調査報告、プレスリリースなど、何でも掲載することができます。

WordPressは、基本的にブログをベースにしたソフトウェアですので、ブログ記事を中心にしたオウンドメディアは最適な選択肢の1つです。

写真

千の言葉よりも、たった1枚の写真が真実を端的に伝えることがあります。写真もオウンドメディアの重要なコンテンツです。写真は、自分で撮影してコンテンツにしたり、有料・無料の素材を利用したりします。

WordPressでは、写真を中心にデザインされたテーマも用意されており、ビジュアル性の高いオウンドメディアを構築することもできます。

イラスト

文章や写真では伝わりにくい部分は、イラストや図解にすることでわかりやすくなることがあります。自分のイラストを作品として中心のコンテンツにしているオウンドメディアもあります。

写真と同様、WordPressはイラスト掲載を想定したテーマもありますので、イラストだけのオウンドメディアも可能です。

マンガ

オウンドメディアの中でも、特に日本ではマンガコンテンツが人気です。041ページの図3で紹介している「B2Bコンテンツマーケティングで有効な手法」についての調査は米国における調査ですので、マンガに該当するコンテンツはありませんが、日本ではマンガがよく読まれていることは読者の方も御存知でしょう。

やわらかいお話だけでなく、製品紹介、企業紹介、人物紹介もマンガにすることで、気軽に読んでもらえることもあります。

ストーリーマンガ、4コママンガだけでなく、1コママンガもあります。1コママンガは、記事コンテンツと一緒に掲載して、記事のテーマを別

の切り口で紹介したり、硬めの記事にやわらかめの1コママンガを添えることでバランスをとったりと、いろいろな目的で活用されています。

インフォグラフィック

インフォグラフィックとは、データなどをビジュアルで伝えるために作成されます。調査データの結果や歴史などの情報をグラフィカルに表示します。

図1は、Googleが作成した「Music Timeline」というインフォグラフィックです。これは、現在Google Play Musicを使って音楽を視聴している人のライブラリを可視化したものです。Webサイトでは、特定の年代の音楽ジャンルをクリックすると、聞かれている音楽のタイトルなども表示されるようにインタラクティブな操作もできます。

メルマガ

顧客リストに対してメールを配信するメールマガジン（メルマガ）。ニュースレターと呼ぶこともあります。メルマガも自分でコンテンツの内容をコントロールでき、配信管理するのでオウンドメディアです。

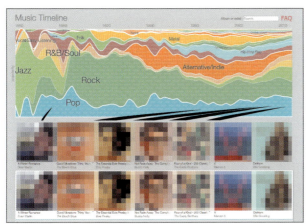

図1：Music Timeline
URL http://research.google.com/bigpicture/music/

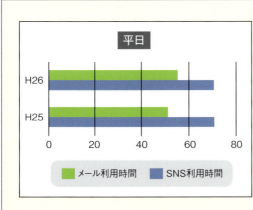
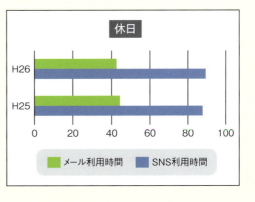

図2：メール利用時間とSNS利用時間（平日と休日）
出典：平成26年情報通信メディアの利用時間と情報行動に関する調査 報告書
URL http://www.soumu.go.jp/main_content/000357568.pdf を参考に作成

メールは若い世代では開かれなくなっているという調査データもありますが（図2）、ビジネスではまだ有効なツールです。メルマガ配信ツールを利用すれば、開封率、リンクのクリック率なども管理できます。

動画

オウンドメディアには、動画を掲載することもできます。動画制作も以前より気軽にできるようになりました。製品紹介、操作説明などの活用のほか、事例紹介としてユーザーにインタビューしている様子を動画にするといった活用も増えています。

WordPressは動画フォーマットにも対応しているので、動画ファイルを直接アップしてもいいですし、YouTubeなどの動画メディアに掲載してリンクを埋め込むといった活用も有用です。動画ファイルをオウンドメディアに直接アップすると、第三者のブログなどに埋め込むことができず拡散されにくいため、YouTubeなどを活用したほうが効率的な側面があります。

最近は、Facebookなどソーシャルメディアに動画をアップした時、オウンドメディアへの一般の投稿よりも注目を集めやすいことから、動画とソーシャルメディアをかけあわせて積極的に活用する企業が増えています。

プレゼンテーションスライド

セミナーなどで活用したスライドもオウンドメディアに掲載してコンテンツの1つにすることができます。セミナーは参加した人だけしか体験できませんが、セミナーレポートなどと一緒にスライドも掲載すれば、参加できなかった人にも情報を届けられます。

ホワイトペーパー

ホワイトペーパーとは、調査報告書や製品仕様、導入事例などをまとめたものです。多くの場合、PDFデータで制作され、ダウンロード資料として公開されます。資料のダウンロードにあたって、ユーザー情報の登録などを求めることで、リード情報の獲得につながります。

eブック

eブックもホワイトペーパーと同様にダウンロード資料として公開されることが多いです。eブックの場合は、表紙、目次などを用意して、本のような体裁にすることが一般的です。内容には、初心者向けのガイド、特定の概念などについてまとめたもの、チェックリスト、ワークショップに使えるガイドなどさまざまです。

ポッドキャスト/Webセミナー

あまり日本では人気がないようですが、音声を録音してWeb経由で聞くことができるポッドキャスト、Web上で開催するオンラインセミナーなどもオウンドメディアのコンテンツの一種です。

モバイルアプリ

スマートフォン向けのアプリもオウンドメディアです。ゲームやツールなどを用意したり、メディアを簡単に閲覧できたりするようなアプリなどもあります。

図3は、米国の調査・教育機関である「Content Marketing Institute（CMI）」の調査結果をもとに作成しました。こちらは、2016年のコンテ

ンツマーケティングの予算やトレンドなどの調査をまとめたレポートの中で、B2B企業がコンテンツマーケティングにおいて効果があると回答した手法です。事例、ブログ、eニュースレターなどのオウンドメディアの手法が上位に入っています。

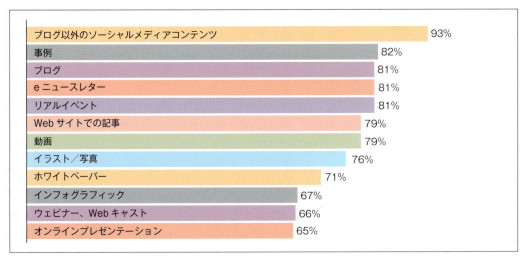

図3：B2Bコンテンツマーケティングで有効な手法
出典：Contents Marketing Institute
　　　2016 Benchmarks, Budgets, and Trends—North America
URL http://contentmarketinginstitute.com/wp-content/uploads/2015/09/2016_B2B_Report_Final.pdf より引用

02 コンテンツ系オウンドメディアの4つのパターン

オウンドメディアをコンテンツの内容や目的などによって、4つに分類してみました。パターンごとに、さまざまな業界、企業規模の事例も併せて紹介しています。

意見、考えを伝える社長ブログ

いわゆる「社長ブログ」と呼ばれるものです。企業の経営者がどんな思いで事業に取り組んでいるか、業界の動向についての考え、働き方やスキルアップについての意見などが書かれているものが多いでしょう。社長ブログの目的の1つが、経営者そのもののブランディングです。経営者のブランディングはそのまま企業のブランディングにつながります。継続的にビジョンについてブログを通して発信していくことで、業界で注目を集められることにつながります。

次の例では、必ずしも「社長ブログ」と題しているわけではありませんが、著者が経営者で意見や考えを表明しているものとして取り上げました。

渋谷ではたらく社長のアメブロ

サイバーエージェント社長の藤田晋氏のブログです。同社が提供するブログサービスのアメブロで書かれているのでオウンドメディアとしてみました。事業の方向性や働き方の考えなどを書いています（図1）。

図1：渋谷ではたらく社長のアメブロ
URL http://ameblo.jp/shibuya/

いすみ鉄道　社長ブログ

　ローカルな鉄道会社いすみ鉄道の社長ブログです。鉄道という交通インフラを支える会社として仕事のあり方についての考え、駅や列車の話など硬軟織り交ぜた内容です（図2）。

図2：いすみ鉄道　社長ブログ
URL http://isumi.rail.shop-pro.jp/

Sprocket公式ブログ

　Web接客ツール「Sprocket」の公式ブログです（図3）。代表の深田浩嗣氏の記名のある記事については、デジタルマーケティングにおけるWeb接客についての意見や独自の考えを表明しています。クーポンはデジタルのおもてなしには不要といったオピニオンなどがズバリと書かれています。

図3：Sprocket 公式ブログ
URL http://www.sprocket.bz/blog/

サービスに関連する情報をコンテンツ化

　サービスやそれに関連する情報を伝えるオウンドメディアです。サービスの活用情報や最新のニュースについての情報を届けるもので、情報発信を通じて自社サービスへの誘導を図っています。

　社長ブログは、あくまで個人の意見、考えだったのに対し、サービスに関連する情報の場合は、企業としての立場から作成されることが多いです。

LCD Times

　中古車の販売をしている「株式会社エスキュービズムLCD」のブログです（図4）。中古車を売買する時のコツ、中古車業界の裏話、新車価格に比べて中古価格がお得になりやすい車の特徴など、業界にいる会社ならではの情報が盛りだくさんです。

図4：LCD Times
URL http://u-w-c.jp/lcd/blog_index

カレコ公式ブログ

　首都圏を中心にカーシェアリングサービスを展開するカレコ・カーシェアリングクラブのブログです（図5）。カーシェアを使ったドライブのアイデア、カーシェアの利用方法などについて詳しく紹介しています。

図5：カレコ公式ブログ
URL http://blog.careco.jp/

MFクラウド 公式ブログ

　マネーフォワードが提供する会社設立、会計、税金、申告など中小企業や個人事業主・フリーランスの方の経営に向けた情報を発信するブログですが、経営情報に関するよくある疑問や仕訳処理の方法などについて解説しています（図6）。

図6：MFクラウド 公式ブログ
URL https://biz.moneyforward.com/blog/

インタビュー取材

導入事例、サービスの活用事例について、インタビュー取材を行い、コンテンツ化するものです。導入事例では、実際に導入した企業の代表者や担当者などの生の声、写真などを掲載すると生き生きとしたコンテンツになります。

導入に至った背景、解決したかった課題、導入してどんな変化があったかということを具体的に聞くことで、同じような課題に悩んでいる見込み顧客にとって参考になります。

また導入事例に限らず、社員に仕事の成果、業務の専門性などを聞いていくインタビューも有効です。採用向けのページなどでもよく使われる手法です。

Forkwell Press

エンジニア向け転職サイト「Forkwell Jobs」を提供するgroovesのブログです（図7）。採用に成功した企業、転職した人にインタビューをしています。転職した人には、転職の経緯、転職先を選ぶにあたってのポイント、キャリアプランなどについて、エンジニアならではの視点で突っ込んだ取材がされています。企業担当者のインタビューでは、会社の事業の新規性、サービスの価値、求める人材などを取材しています。

図7：Forkwell Press
URL http://press.forkwell.com/

電通報

　大手広告会社の電通が運営しています（図8）。ニュース記事も多いですが、電通や関連会社の社員にフォーカスしたインタビュー記事も多くあります。自社の専門性やプロジェクトに対するこだわりなどが伝わってきます。

図8：電通報
URL http://dentsu-ho.com/

ORANGE RETAIL　小売のミライをカタチにする

　ECサイトの導入支援を行うエスキュービズム・テクノロジーのメディアです（図9）。自社製品を導入した企業へのインタビューが中心のコンテンツになっています。導入に至るまでの課題、業者選定時のポイント、導入後の効果などを詳しく聞いています。

図9：ORANGE RETAIL　小売のミライをカタチにする
URL http://orangeretail.jp/

How to系の記事

　特定の分野について、その分野に特有のやり方のコツや商品の使い方をコンテンツ化したものです。生活の知恵から、最新の便利ツール紹介まで、さまざまな分野で使えます。また、ハウツー系は細かいところまで網羅することで、大きなアクセスはなくても、その情報を必要としている人が探してきてくれるので、ロングテール（いろいろなキーワードに少しずつの人が集まって結果としてアクセスが増加する）のコンテンツ戦略が可能です。

おとなの暮らし新常識

　通販サイトのセシールのオウンドメディアです（図10）。家具の選び方、世代別のコーディネート、靴のケアなどの情報を公開しています。

図10：おとなの暮らし新常識
URL http://www.cecile.co.jp/column/

コリス

2007年より運営されているWebサイト制作に関するTips、デザインなどの情報を公開しています（図11）。運営しているのは、フリーのWeb制作者で一部上場企業50社以上のリニューアル・サイト制作にコアメンバーとして参画しています。

図11：coliss
URL http://coliss.com/

03 制作するオウンドメディアについて

本書では、WordPressを使ったオウンドメディア構築を行います。最初は、WordPressのインストール、テーマやプラグインのインストールを紹介し、後半ではWordPressを使って以下のようなコンテンツを作成していきます。

商品・サービスのランディングページを作る

ランディングページとは、ユーザーがアクセスした時に最初に表示するページのことですが、Webマーケティングでは特に広告などを配信した時の、リンク先を指します。1ページで商品・サービスの特性が伝わり、申し込み・購入までたどり着くようにするのが一般的です。

本書では、旅行会社のランディングページを作成し、写真や動画を使って魅力を伝えたり、Twitterのクチコミを表示し、申し込みまでを1ページに組み込んだランディングページを作成します。

セミナー・イベントを告知する

セミナー・イベントを開催する時に必須になるのが申し込みフォームです。Googleフォームを組み込んで申し込みを受け付けます。イベントの資料を公開したり、イベントを生中継したりするような機能も用意します。

ECサイトと連係する

ECサイトで販売しているカタログページを作成します。カタログページで商品の魅力、使い方を伝え、ECサイトに誘導します。また会員限定のコンテンツとして、認証が必要なコンテンツも作成します。

Chapter 3

オウンドメディアの位置付けを考える

Web戦略において、自社で所有し運用管理するオウンドメディアは必須の存在です。オウンドメディアを始める前に、種類ごとにそれぞれの目的と運用方針を整理するとよいでしょう。
ここではオウンドメディアのゴールや開始してからの継続方法、他のメディアとの関係などについて考えます。

01 オウンドメディアの運営方針とゴールの設計

オウンドメディアの運営方針とゴールを整理するにあたって、すでに自社で実施しているマーケティング施策や強みと弱みを整理し、どういった位置付けで情報発信をしていくのかを考えましょう。

すでに実施しているマーケティング施策を洗い出す

オンライン、オフラインともにすでに実施しているマーケティング施策を洗い出してみましょう（表1）。

洗い出す時には、オンライン、オフラインの軸に対して、認知・集客施策、接客施策、リピート施策に分けてみると、わかりやすいでしょう。

整理すると、マーケティング施策の中でオウンドメディアはどこに重点を置いて運営していくべきかが見えてきます。現状手薄になっている部分なのか、それともすでに対策している部分をさらに強化していくのかは、企業の戦略にも関わってきます。

さらに現状の施策がどのように行われているのかも知っておきましょう。例えば、施策ごとに図1のようなポイントを整理してみるとよいでしょう。

	認知・集客	接客	リピート促進
オンライン	オンライン広告 SEO対策 ブログ プレスリリース ソーシャルメディア オンラインキャンペーン モニターブログ アフィリエイト 動画	ランディングページ最適化 Webサイト 調査レポート アンケート CRM Webアプリ ケーススタディ オンラインチャット 問い合わせフォーム最適化 サイト内リコメンド サイト内検索最適化	メールマガジン リターゲティング・リーマーケティング広告 コミュニティサイト
オフライン	チラシ 新聞・雑誌広告 テレビ・ラジオCM 街頭広告 クーポン イベント セミナー QRコード 他企業とのコラボレーション	営業 実店舗での接客 顧客カード ポイント デモ フリーダイヤル ノベルティ IoT	サポート 電話 ダイレクトメール

表1：マーケティング施策の例

```
┌─────────────────────────────────────────────────────────────────┐
│   ソーシャルメディアはどのように        メルマガはどのように        │
│         運用されているか               運用されているか          │
│                                                                 │
│ ・運用しているソーシャルメディア      ・メールアドレスの獲得方法    │
│  （Facebook、Twitter、LINE@、Instagram など）  ・メールリストの数 │
│ ・それぞれのフォロワー数             ・配信頻度                   │
│ ・それぞれの更新頻度                 ・メルマガの内容              │
│ ・投稿内容                          ・会員管理手法                │
│ ・読者の反応                                                      │
└─────────────────────────────────────────────────────────────────┘
```

図1：施策ごとのポイント

自社の強みと弱みを知る

　オウンドメディアは、戦略なしで始めると、すぐに作成するコンテンツのネタにつまったり、コンテンツ制作の時間がとれなくなったりして、運用が続かなくなります。コンテンツを継続的に作り続けるためには、運用コスト（時間、人、費用）を踏まえた体制作りが必要です。

　その戦略を考えるために、まずは自社の弱みと強みがどこにあるのかを分析してみましょう。この強みはオウンドメディアを通してさらに強化できます。

　自社の強みと弱みを考えるにあたり、参考になるのがマーケティングフレームワークの1つである「4P」という考え方です。4Pは、Product（製品）、Price（価格）、Place（流通・販売）、Promotion（広告・販促）の頭文字をとったもの

で、この4つの視点から自社の強みと弱みを分析すると整理しやすいでしょう。

フェレットの関連グッズを扱うオンラインショップの場合

　ニッチな商材を扱うEC専門店の場合、図2のようにProduct、Price、Place、Promotionに分けると、それぞれの強みや弱みがわかります。

　例えばこの例の場合では、実店舗がないことなどが弱みですが、ECサイトなので全国に配送ができます。すでにソーシャルメディアを運用しているので、合わせてオウンドメディアを運用し専門的な情報を配信できることで、広告費用をかけずにコアなファンを集め販売促進につなげることができます。

図2：ニッチな商材を扱うEC専門店の場合のProduct、Place、Price、Promotionにおける強み、弱み

オウンドメディアのゴールを決める

　ゴールのないままにオウンドメディアを始めると、達成感を得られないまま継続的に続く作業を前にして担当者のモチベーションが下がり、疲弊していきます。オウンドメディアのゴールは、業種や業務形態によって異なります。

　米国のマーケティング支援企業であるContent Marketing Institute（URL http://contentmarketinginstitute.com/）が発表した調査レポート「2016 Benchmarks, Budgets, and Trends-North America」では、B2B、B2Cのコンテンツマーケティングのゴール設定についての調査結果を発表しています。どのようなことをゴールに設定している企業が多いのかを見てみましょう。

　B2Cのビジネスの場合は、最も多いゴール設定が「売上アップ」（83%）、「顧客のリテンション、ロイヤリティ」（81%）、「エンゲージメント」（81%）、「ブランド認知」（80%）、「エバンジェリスト、ブランドアドボカシー育成」（74%）となっています。一方でコンテンツマーケティングで最も効果を感じた成果としては、「ブランド認知」（91%）、「顧客のリテンション、ロイヤリティ」（86%）、「エンゲージメント」（86%）、「売上アップ」（82%）となっています。

　B2Bの場合の最も多いゴール設定は、「リード情報の獲得」（85%）、「売上アップ」（84%）、「顧客育成」（78%）、「ブランド認知」（77%）となっています。

　上位2つはコンテンツマーケティングの効果の評価や方式のドキュメント化の有無などに関わらず、上位になりました。ただし、従業員が1,000人を超えるエンタープライズ企業の場合は、「エンゲージメント」が82%と最も多くなりました。

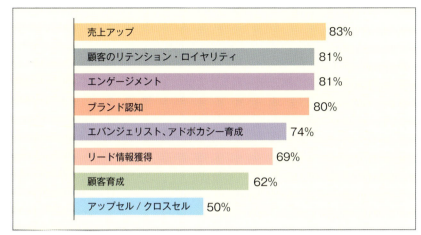

図3：B2C のコンテンツマーケティングのゴール
出典：Contents Marketing Institute
　　　Organizational Goals for B2C Content Marketing
URL http://contentmarketinginstitute.com/wp-content/uploads/2015/09/2016_B2B_Report_Final.pdf より引用

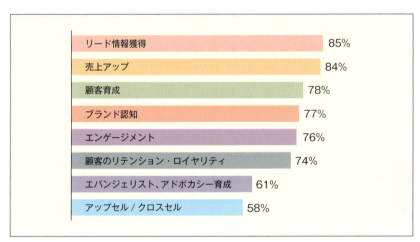

図4：B2B のコンテンツマーケティングのゴール
出典：Contents Marketing Institute
　　　Organizational Goals for B2C Content Marketing
URL http://contentmarketinginstitute.com/wp-content/uploads/2015/09/2016_B2B_Report_Final.pdf より引用

以降では、それぞれのゴールと戦略を考えてみましょう。

売上アップ

オウンドメディアマーケティングの運用に関わらず、すべての事業活動は最終的には売上という事業目的に成果として反映されるべきです。事業活動のゴールに売上を設定することは一般的ですが、オウンドメディアの場合は、すぐに活動が売上につながるわけでなく、半年、1年をかけて少しずつ成果につながっていく活動であること、またオウンドメディアが売上に直結したこと評価しにくいことを考慮しておきましょう。

売上アップをゴールとする場合、既存顧客の購入金額を増やすのか、それとも新規顧客を獲得す

るのかでも施策が変わってきます。既存顧客の場合であれば、WebサイトやECサイトなどで伝えきれていない自社サービスや商品の特徴、活用方法、魅力などを切り口を変えて発信していくといった戦略が考えられるほか、商品を購入した人が意見を交わせるコミュニティを作るという施策もあります。

一方で、新規顧客獲得であれば、商品にたどり着く手前の段階での認知獲得が有効です。例えば、ダイエット食品を販売しているならば、その食品に到達する手前のダイエット方法、美容といったテーマでのコンテンツです。

顧客のリテンション、ロイヤリティ

リテンションとは「維持」「記憶」という意味です。ロイヤリティは「忠誠度」という意味でロイヤリティの高い顧客を「ロイヤルカスタマー」と言います。ここでは、顧客にその企業について思い出してもらう、複数回買ってもらうことをゴールにしています。つまり、コンテンツを通して顧客の意識の中にあり続け、また必要になった時に指名買いをしてもらう、他の企業に移らせないことがゴールになります。

戦略としては、オウンドメディアに新しいコンテンツを発信し続けるだけでなく、ソーシャルメディアやメールマガジンなどの手法を組み合わせて、新しいコンテンツを顧客に知らせて再度オウンドメディアに誘導していくとよいでしょう。

エンゲージメント

エンゲージメントは、交流、つながりなどの意味です。先ほどのリテンションとも関係しますが、コンテンツの発信を続けることで、オウンドメディア本体やソーシャルメディアなどでユーザーからの反応が得られ、双方向でのコミュニケーションが発生し関係が築かれます。これがエンゲージメントであり、エンゲージメントが高まれば、企業のファンになってくれる顧客も現れます。ファンはロイヤルカスタマーになる可能性も高く、ファンを増やすことが売上アップにつながっていきます。

また、エンゲージメントをゴールにした場合、コミュニケーションを目的にしたコミュニティサイトを構築するといった戦略もあります。味の素（AJINOMOTO Park）、江崎グリコ（グリコクラブ）、ベネッセコーポレーション（ウィメンズパーク、しまじろうクラブなど）を始めとした大手企業が取り組んでいる事例が多くあります。

ただし、コミュニティサイトは運営の負担が大きいだけでなく、一定数のユーザーを確保しないと価値がありません。コミュニティサイトの運営にあたっては、長期的な予算、人材の確保が可能か、どのくらいのユーザーを見込めるかを十分に試算した上で始めるとよいでしょう。

ブランド認知

オウンドメディアを通して自社あるいは製品やサービスを知ってもらうことを目的にしています。

B2Bでは、商品やサービスのイメージが伝えにくい場合や、新しい概念のソリューションの場合は啓蒙的なコンテンツを通して、その考え方や必要性を伝えて市場そのものを作っていくことは非常に重要なステップです。

またB2Cの場合であっても、新規参入の場合や市場がニッチな場合、ユーザーへの認知のステップで大きな壁にぶつかることがあります。

コンテンツを通して読者が増えれば、そのコンテンツを作成した自社の認知度が向上します。例えば、個人の資産運用管理サービスを展開するマネーフォワードでは、Webサイトに「家計」「節

約」などのテーマを設け、家計管理の考え方や節約方法について詳しく解説しています。「個人資産運用管理」あるいは社名で検索する人が少なくても「家計管理」「節約」なら多くの人が検索するトピックですので、そこから自社サービスの認知度獲得に成功し、今ではこの分野でのトップ企業となっています。

エバンジェリスト、ブランドアドボカシー育成

エバンジェリストは伝道者、ブランドアドボカシーは支持者、擁護者といった意味です。ファンはそのブランドのことが好きな人、贔屓にしている人ですが、エバンジェリストやブランドアドボカシーはさらにその上を行く熱狂的ファンと位置付けるとイメージしやすいでしょう。

彼らは、特に報酬がなくても、自らのその企業の商品やサービスを他の人にすすめます。「すすめる」というと強引な感じがしますが、買った商品が気に入ったらソーシャルメディア上で友達にシェアするといったことは、日常的に行われています。例えば、Amazon.co.jpの場合、商品を購入した時にその商品をソーシャルメディアでシェアするボタンが表示されます。これは購入者に商品を紹介してもらう行動を促進させる意図があるはずです。

キャンプ用品のSnow Peakでは、Facebookグループ「Snow Peakコミュニティ」を公式に作成して、ユーザーからの投稿を促しています(図5)。Facebookグループでは、Snow Peakの商品を使ってキャンプをした写真や新しく購入した商品が毎日たくさん投稿されています。そして、投稿を見た人が「欲しい」「使い勝手はどう？」とコミュニケーションをしています。この例はソーシャルメディア上に作られたコミュニティなのでオウンドメディアとは異なりますが、企業自ら、ユーザーが自社商品を思いっきり自慢できる場所を用意して、エバンジェリストが生まれやすい環境を作っているという点で参考になります。

01 オウンドメディアの運営方針とゴールの設計

図5：Snow Peak コミュニティ
URL https://www.facebook.com/groups/352667321601454/?fref=ts

> **Memo** **ブランドアドボカシー**
>
> 企業が一時的にマイナスになっても顧客第一主義の対応を行うことで顧客と長期的な関係を築くことを指します。2006年に『アドボカシー・マーケティング 顧客主導の時代に信頼される企業』(グレン・アーバン著、英治出版刊)が日本で翻訳出版されて以降注目されるようになりました。

リード情報の獲得と顧客育成

最近ではソフトウェアのサブスクリプション（月額課金）などが増えてきたので、一概には言えませんが、一般的にB2B企業の場合、Webだけで購買、契約まで至ることは少ない傾向にあります。製品、サービスが高額になるほど決裁に関わる人も増え、最終的な売上までの道のりが長くなることが多いでしょう。

そのため、Webではまず問い合わせやメルマガ登録、資料ダウンロードなどを通して、見込み顧客のリード情報（担当者名やメールアドレスなどの連絡先などの情報）を獲得するのが最初の一歩になります。

リード情報を獲得したら、その後はメールマガジンやコンテンツを通して顧客の理解度を深める、営業担当者が電話をしてその企業の課題や現状について聞く、セミナーに招待する、タイミングを見て営業に行く、デモを見せに行くというように、信頼関係を構築しながら商談につなげていきます。リードを獲得した後の一連の流れは「リードナーチャリング」（顧客育成）と言われる活動になります。オウンドメディア内に、会員専用のページを用意して特別なダウンロードコンテンツを用意するなどの施策を通して、顧客育成に役立てることができます。

ゴールを意識してオウンドメディア戦略を考えよう

ゴールを決めたら、最も適切なオウンドメディア戦略が何かを考えましょう。合わせてオウンドメディアではどんな情報を配信するのか、自社の強みをどうやって伝えていくかを整理します。

COLUMN

競合他社のオウンドメディア戦略を分析する

競合他社がすでにオウンドメディアを運用している場合、コンテンツが重なったり、ユーザーの奪い合いになったりします。あらかじめ、競合他社がどのようなオウンドメディア戦略を実施しているのか、調査しましょう。調査する競合他社は1社ではなく、複数社をピックアップしてください。まずは完全に競合となる企業（同じ製品・サービスを販売、あるいはカテゴリーが一致する企業など）をリストアップします。さらに、他業種ではあるけれども、顧客が購入決定する時に競合になり得るものがあれば、その業種もリストアップしましょう。また国内だけでなく、海外の企業動向を調査すると新しい発見があるかもしれません。
競合他社はWebサイトで検索した上で次のような点をチェックして自社の戦略設計での参考にするとよいでしょう。

- 運用しているオウンドメディアの種類（企業サイト、ECサイト、コミュニティサイトなど）
- それぞれのオウンドメディアの目的、ゴールを推測する
- オウンドメディアへの誘導方法（メルマガ、リスティング広告、SEO、リターゲティング広告など）
- ターゲットユーザーの想定
- どんなコンテンツを用意しているか
- コンテンツのクオリティ
- キャンペーンの実施の有無
- リード情報の獲得方法
- 運営にあたっての担当者のインタビュー（メディアなどで紹介されているものなど）

02 人が集まるオウンドメディアにはペルソナが必要

コンテンツを用意しておけば、人はオウンドメディアに集まるというものではありません。どういったユーザーをターゲットにするのかを考え、ペルソナに落とし込みましょう。

具体的な読者像＝ペルソナを設定する

オウンドメディアのターゲットはどのような人でしょうか。社内でも担当者によってターゲットのイメージが異なることがあると思います。異なったままの状態だと、コンテンツ自体の軸がぶれてしまい、誰にも届かないコンテンツになってしまいます。

そこで、社内で共通したターゲットのイメージを持つために重要なのが「ペルソナ」です。ペルソナとは、ターゲットとするユーザーをモデル化したものです。あくまでモデルなので実在する人物ではないことに注意してください。

ペルソナのメリット

ペルソナを設計することで、コンテンツの企画や設計時に「何をテーマにするか」「どんなトーン、用語でコンテンツを作るか」「コンテンツの種類はどうするか」と悩んだ時に、「ペルソナが期待するものを作る」という軸で判断できるようになります。

企業が伝えたい情報をコンテンツにするのではなく、「ペルソナが知りたい情報をコンテンツ化する」という立場に立つことで、ユーザー視点のコンテンツ作成ができるというのが、ペルソナのメリットです。

もう1つのメリットとして、「ターゲット以外のユーザーのニーズは取り扱わない」という選択ができることがあります。コンテンツの企画時にターゲットを広げるばかりに、顧客になりそうもない人向けに、方向性のずれたコンテンツを考えてしまうことがあります。ペルソナがあれば、ターゲットが期待しないコンテンツが企画された時に、「それは不要だ」と判断できるようになるのです。

ペルソナはもともとソフトウェア開発で、具体的なユーザーを想定して画面設計などのユーザーインタフェース設計に活かしたことから始まり、現在では製品開発やマーケティングなど幅広い分野で活用されるようになりました。

ペルソナの設定

ペルソナは20代女性で都内に住んでいるといった漠然とした設定ではなく、具体的な人物像として、氏名、年齢、性別、職業、職種、1日の行動、経歴、イメージ写真などを設定します。特に購買行動にフォーカスしたペルソナはバイヤーペルソナと呼びます。ペルソナは、想像でイメージした人物を作るのではなく、ユーザーの調査（アンケート、インタビュー、Web解析など）と分析を通して設計するもので、その過程は顧客を理解するためにも重要なプロセスです。

なお、設計するペルソナは1人に限る必要はありません。性別、年代（役職）、知識レベルなどによって、必要に応じて2〜4人のペルソナを用意するのが一般的です。

ペルソナ設計のステップ：事前調査

ペルソナ設計の最初のステップが顧客のデータを収集し、顧客の心理（インサイトと呼ぶこともある）を理解することです。データ収集方法にはさまざまな方法があります。すべて実施する必要はありませんが、必ずいずれかの方法でユーザーの実態を理解してからペルソナの設計を始めます。

顧客データを分析する

すでに自社で保有している顧客データから、年齢、地域、職業、購入頻度などを分析します。平均をとるというよりも、特徴的なパターンを探します。

アンケート調査

アンケート調査を行い、購買行動の調査を行います。アンケートの対象者は、業態や業種によって異なります。ターゲットがある程度はっきりしているB2Bの場合は、すでに顧客になっている人、見込み顧客、あるいは展示会などで接点のある人などに対してアンケートを行ってもよいでしょう。

一方で、B2Cの商材でターゲットが広い場合は、顧客に限らないでアンケートの対象者を募るほうがよいでしょう。インターネットのアンケート調査では、数千円〜数万円（設問数や調査対象者の数によって異なる）で調査を実施できるサービスも多くあります。

アンケート項目の作成においては、購買行動や接触するメディア、インターネットの知識などペルソナ設計に必要な情報を収集するようにします。

ユーザーの行動観察

被験者となるユーザーを複数名を呼んで、実際にWebサイトを利用してもらいます。例えば「化粧品を購入する時のインターネット利用」などテーマを決めて、その場で再現してもらいます。その利用している時の様子を観察し、普段ユーザーが商品の情報を調べる時にどんなキーワードで検索するのか、どのようなWebサイトを見ているか、どういう情報を参考にしているのか、検討した商品の購入をしなかった時の理由などを行動から調査する手法です。

行動観察には、ユーザーに普段通りに行動してもらう様子をそばで観察する手法もありますが、ユーザーに考えていること、感じたことなどをそのまま話してもらう「思考発話」による観察もあります。例えば、レーシックを提供する複数のWebサイトを閲覧してもらい、その時に感じたことを話してもらいます。実際にユーザーに話してもらったところ、「料金が安いとかえって不安」「眼科医がたくさんいるのは安心」「無料カウンセリングを申し込んだら、何を準備すればいいのかな」など、Web制作者には気づかなかったユーザーの実際のリテラシーや無意識の情報判断方法がわかる場合があります。

グループインタビュー

複数人を呼んで、普段の生活や購買行動などに

ついて話し合ってもらう手法です。複数人に同時にインタビューすることで、他の人の発言から別の人が普段の無意識の行動を思い出したり、みんなが共感するポイントがわかります。

ただし、グループインタビューの場合、意見をはっきり言えなかったり、周りに同調してしまうこともあるため注意が必要です。時間があれば、グループインタビューの後にユーザー行動観察を組み合わせると、より深くユーザーを理解することができます。

デプスインタビュー（1:1のインタビュー）

デプスインタビューは、1:1でインタビューする手法です。他の人がいると話しにくい内容はデプスインタビューのほうがよいでしょう。

さらにユーザーの心理に踏み込むために、商材によっては家庭訪問をすることもあります。普段の生活の中で、その商材をどのように利用しているのか、誰が主体的に購入するのか、代替品は何かなど、ユーザーの本来の生活実態がわかります。

顧客との接触から得られたデータ

顧客の心理は本人からのみ得られるものではありません。普段、顧客と接している人も、ユーザーニーズ、課題、不安要素、購入決定までの流れ、期間などを知っていることがあります。

B2Bであれば営業担当者から、担当者はどんな人で、どれくらいの知識があるのか、どんな課題があり、最終的な決裁までにどんな人が関わるのかといったことを聞き出します。

B2Cで店舗があれば店員に顧客のタイプや購入までの決定などをヒアリングします。コールセンターなどがあれば、どのような問い合わせがあるのか、どのような期待があるのか、どのような苦情があるのかなどを、ヒアリングします。

Webサイトのアクセス解析

自社のWebサイト、ECサイトのアクセス解析から、どんな検索キーワードで流入し、商品購入に至るまでの行動、閲覧コンテンツなどをデータとして抽出して分析します。

その他、ソーシャルメディアなどの反応をみたり、インターネット上のレビューやブログ記事などのユーザーの意見を収集して分析します。

統計データ（官公庁のデータなど）

総務省統計局は、国勢調査、人口推計、家計調査、家計消費状況調査などの統計データを公開しています。このデータから、平均的な日本人の生活様式を導くことができます（図1）。

図1：総務省統計局
URL http://www.stat.go.jp/

ペルソナ設計のステップ：人物像の設定

　収集したデータを分類し、カテゴライズしていきます。例えば、性別、年齢、購入意欲の程度、リテラシーの程度などから分類してカテゴライズし、特徴的な行動や思考、購入の意思決定に影響するメディアや人物、普段の生活環境などを具体化していきます。特定の誰かではなく、複数人の特徴をモデル化した人物像を設計してください。

　ペルソナはオウンドメディアの運営に関わる人達が共通して持ち、コンテンツの企画や制作においてその人の期待や考え方を振り返るものです。イメージがわきやすいように、具体的な人物像を設計します。

　設定する項目の例は次のとおりです。

- 氏名
- 性別、年齢
- 人物背景（職業、経歴、家族構成、住んでいる場所、年収など）
- 平日、休日の過ごし方（1日の流れ）
- 会社／家庭での役割
- 情報収集の方法やツール、タイミング
- ビジネス上のゴールと課題
- 購入決定で影響を受けるメディアや人物
- 購買決定のステップ
- 製品やサービスへの思い
- 普段利用するデバイス（パソコン、スマートフォン、タブレットなど）
- 情報リテラシーの高さ
- イメージ画像

ペルソナ設計のステップ：社内での共有

　ペルソナができてきたら、ドキュメントにまとめましょう。人物設計の詳細までをまとめたドキュメントと、A4用紙1枚くらいにまとめたシンプルなドキュメントの2種類を用意します。1枚にまとめたものは誰でもすぐに見られるような状態で共有します。

　ペルソナは誰かが1人で作って、1人で利用するものではありません。設計のステップで全員が関わる必要はありませんが、ペルソナについて関係者全員で合意を得ることが重要です。設計したペルソナの人物像に違和感を感じるようであれば、調整します。

　またペルソナは一度作れば終わりというわけではなく、環境の変化、時代の変化などによって変わっていくものです。わかりやすいのがスマートフォンの普及です。数年前に作られたペルソナの利用端末はパソコンが主流になっているかもしれませんが、現在は変わっているはずです。1年に1回程度は見直して、ペルソナを更新していきます。

ペルソナ設計のステップ：シナリオの設計

　ペルソナに基づき、製品やサービスの購買行動に関する行動シナリオを設計します。設定したペルソナの行動、関心事、接触する情報媒体、購買決定に及ぼす情報、気持ち（興味、不安、期待）などをシナリオとして設計し、それに基づいて、それぞれのタイミングでどんな情報が必要なのかを考えて、オウンドメディアのコンテンツ設計をします。

　特に「ペルソナがどのように情報を収集しているのか」というシナリオは、コンテンツの設計に大きく影響します。図2のような項目を考えましょう。

> **POINT　離脱の理由を考える**
> シナリオ設計では、購買に至るシナリオだけでなく、購入に至らない場合の理由についても考えるとよいでしょう。

利用する端末は？
- □ スマートフォンやタブレット端末
- □ 自宅のパソコン
- □ 会社のパソコン
- □ それ以外（具体的に）

よく見るWebサイトやサービスは？
- □ Facebook、Twitterなどのソーシャルメディア
- □ キュレーションニュースサイト（Gunosy、SmartNewsなど）
- □ レシピサイト（クックパッド、楽天レシピなど）
- □ Q&Aサイト
- □ 業界メディア

利用する時間は？
- □ 通勤・帰宅中の電車やバスの中
- □ 業務時間中
- □ 休憩時間中
- □ 業務終了後の夕方〜夜
- □ 休日

インフルエンサーは？
- □ 友人
- □ 業界の有名人
- □ 著名人
- □ タレント

図2：ペルソナの情報収集をチェック

ペルソナのサンプル

　ペルソナのサンプルを表1・2にまとめました。このサンプルは、ECサイト向けのCRMツールを販売する企業が、顧客になるECサイトの担当者をペルソナ化したものです。

項目	内容
氏名（年齢・性別）	翔泳太郎（40歳・男性）
家族構成	妻、娘（4歳）
学歴	四大卒（関東）、経営学部
勤務先	大手通販
居住地域	都内郊外
通勤手段	電車（1時間）
年収	700万円
性格	普段は謙虚だが、意見を言う時は論理的にはっきりしている

表1：ペルソナの基本情報

項目	内容
ビジネス	Webマーケティング部　マネージャ
仕事内容	ECサイトの運営
期待されていること	売上アップ、チーム全体の管理
必要なスキル	コミュニケーション能力、チームマネジメント、予算管理能力
仕事での課題	顧客1人あたりの購入単価向上
情報入手方法	展示会への参加、部下からの起案、キュレーションメディアを使ったWebメディアの記事
ゴール	ECサイトの売上を向上する

表2：ペルソナの業務に関する情報

ペルソナのストーリー

ペルソナとしての、翔泳さんのゴールを設定した理由となるストーリーは図3のとおりです。

翔泳太郎さんは、40歳の既婚男性で4歳の娘がいます。年商500億の大手通販会社のWebマーケティング部のマネージャをしており、10名の部下を持ちます。ECサイト経由の売上を拡大すべく、新規ユーザー獲得、顧客単価向上、リピーター増加を目指しています。

翔泳さんの平均的な勤務スタイルは、9時の始業よりも少し早い8時半に出社して20時には退社しています。

仕事では部下の管理に加え、ECサイト全体の施策管理、予算管理をしており、コミュニケーション能力が求められます。

業務に必要な情報は、展示会への参加などのオフラインの活動から収集することが多いですが、通勤時間はキュレーションアプリを使って業界情報などを追っています。部下からソリューションやプロダクトの起案を受けたり、ツールベンダーから営業を受けることもあります。決裁権のある翔泳さんは慎重な判断が必要です。

最近の課題はECサイト経由の売上増加がやや鈍っていることです。新規顧客獲得のためのリスティング広告、リターゲティング広告などは十分配信しているため、その他の手法でのリピーターの増加や購入者の1回当たりの購入単価のアップのための施策を検討しています。

しかし、大規模なサイトリニューアルのタイミングではないため、予算の範囲内でどのような手法が実現できるかを考えています。

図3：ペルソナのサンプル

03 作成して終わりではない オウンドメディア

オウンドメディアは公開してからがスタートです。継続的に新しいコンテンツを制作し、改善しながら運用できるように、予算を確保しチームを作りましょう。

オウンドメディアの運用にはどんな人が必要か?

オウンドメディアには、ブログ、Eブック、動画、導入事例、調査レポート、イベント情報など、さまざまなコンテンツを載せることができます。だからこそ、継続的にコンテンツを作り続けるためのしっかりとした体制作りが必要です。

オウンドメディアの運用、特にコンテンツ制作においては企画、制作、公開・プロモーションという各ステップごとに、どんな作業が必要で、誰が担当するのかを考えなければいけません。ここでは、ブログメディアを運用する上で欠かせない作業と役割を例にとって、どれくらいの作業が必要なのかを見てみましょう。

なお、継続的かつ網羅的にオウンドメディアのコンテンツ作成をするには、1部署、1チームだけで始めるのではなく、全社的にプロジェクトとして承認された形で始めましょう。社内の承認が得られることで、会社の内外の人をプロジェクトに巻き込むことができるようになり、支援が得られやすくなります。

ただし、必ずしも大きなチームにする必要もありません。いろいろな企業のオウンドメディア運用の体制を聞いてみると、1～5人くらいの小規模で運用している場合がほとんどです。また多くのメンバーが他の業務との兼務のこともあります。

以下で説明する業務についても、必ずしも専任である必要はなく、他業務との兼務でかまいません。

- **編集長** ブログ全体の編集責任を負います。ブログの方向性、ターゲット、クオリティの担保、担当者の割り振り、予算の確保と配分、他部署との調整など、ブログを継続的に運用するための業務を行います。
- **編集者** 企画にしたがって、関係者の調整、発注を行います。コンテンツ制作者の成果物を、編集方針に照らし合わせながら、コンテンツの最適化を行います。
- **コンテンツ制作者** ブログの場合は、記事の執筆、図版の書き起こし、写真撮影、コーディングなど、コンテンツ作成に携わる人達です。
- **アクセス解析担当者** 公開したコンテンツのアクセス、流入、ユーザーの行動などのデータを分析して評価します。

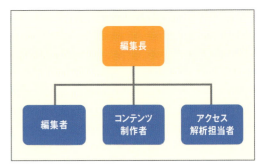

図1：オウンドメディア運営体制の例

コンテンツ制作のステップ

オウンドメディアの中でもブログの場合は特に定期的な配信が期待されます。継続的な配信のためのステップをまとめます。

コンテンツの企画

特に重要な人　編集長　編集者

コンテンツの企画は、コンテンツの品質を左右する最も重要なステップです。

公開する記事のスケジュールを踏まえて、コンテンツの企画をします。策定した戦略にしたがって、ターゲットユーザー（ペルソナ）が直面する課題、必要とする情報、読みたくなる情報を企画に落とし込みます。

企画にあたっては、社内のプロダクトリリースや広報、プロモーションの計画も意識することが重要です。例えば、プロダクトをリリースする前に、そのプロダクトに関連する情報を提供したり、需要を喚起するコンテンツを用意します。

なお、執筆を外部のライターに依頼する場合などは、制作時に方向性がずれないように、コンテンツの骨子を作成して企画の意図をしっかり伝えることも重要です。骨子では、記事のテーマ、ターゲット、手法、記事の流れ、結論などを整理します。

コンテンツの企画では、コンテンツ作成に関わる人との調整も必要です。例えば、ユーザーインタビューを実施するなら、インタビューに協力してくれる人、取材を担当する人、撮影を担当する人を手配して、日程調整、場所の確保などが必要です。関係者が増えるほど、調整や確認、修正の時間がかかるので、スケジュールは余裕を持って立てます。

コンテンツの制作

特に重要な人　コンテンツ制作者

企画にしたがってコンテンツを作成します。記事を執筆するライターは、コンテンツ制作のチームメンバーでもかまいませんし、社内の人や外部のライターでもかまいません。企画内容に応じて適切な人を配置します。

記事内に図版や写真を掲載する場合は、図版制作ができるデザイナー、写真撮影ができるフォトグラファーに作業を依頼する場合もあります。取材記事でなければ、記事中に使う写真素材は、素材集や素材サイトの画像を使ってもよいでしょう。コンテンツができたらコーディングを行います。

クオリティが高く、利用の制限がない素材を獲得するには、有料素材の購入が最も確実で安心です。

表1は筆者おすすめの素材サイトです。参考にしてください。

サイト名	有料・無料	
写真AC	一部有料	http://www.photo-ac.com/
満タンWEB	有料	http://www.dex.ne.jp/mantan/
ぱくたそ	無料	https://www.pakutaso.com/
PIXTA	有料	https://pixta.jp/
ShutterStock	有料	http://www.shutterstock.com/ja/pclp
Adobe Stock	有料	https://stock.adobe.com/jp/
Fotolia	有料	https://jp.fotolia.com/

表1：おすすめの素材サイト

COLUMN
画像の利用は著作権について確認する

インターネット上で画像を検索すると、簡単に関連する画像が表示されますが、これらは誰かの著作物であることがほとんどのため、利用してはいけません。
素材サイトで配布されている画像やイラストでも、利用許諾を確認してください。特に商用サイト（ビジネスを目的にしたサイト）での利用を制限していることがあるからです。

なお「クリエイティブ・コモンズ・ライセンス」（CCライセンス）の場合は、作者に著作権を残したまま、他の人の利用を許可するものです。CCライセンスにも種類があり、クレジット表示を求めるもの、改変を禁止するもの、元の作品のCCライセンスを継承するものなど4つの制限があり、複数が組み合わさる6種類が指定されています。

	表示		非営利
	作品のクレジットを表示すること		営利目的での利用をしないこと
	改変禁止		継承
	元の作品を改変しないこと		元の作品と同じ組み合わせのCCライセンスで公開すること

図2：CCライセンスの4つの条件のアイコンと意味
クリエイティブ・コモンズ・ジャパン（CCJP）「クリエイティブ・コモンズ・ライセンスとは」
URL http://creativecommons.jp/licenses/

コンテンツの編集

特に重要な人　編集者

制作されたコンテンツが求める品質に達するように編集を行います。編集作業では、細かい文言の調整よりも、求めるクオリティに達しているか、企画にそったコンテンツになっているか、読者に何らかの価値を提供しているか、記述に間違いはないかをチェックすることに時間をかけましょう。

またコンテンツを公開する前に、検索エンジンからのアクセスを意識したタイトル付け、キーワードタグ設定なども確認します。

コンテンツの公開

特に重要な人　コンテンツ制作者

コンテンツを公開します。公開したら、コンテンツをより多くの人に届けるための施策を打ちましょう。基本的な施策としては、TwitterやFacebookなどのソーシャルメディアで新しい記事をアップしたことを伝えることです。

コンテンツを公開したら、ソーシャルメディアでシェアすることはセットだと考えましょう。効果的に拡散するためには、Facebookページなどのソーシャルメディアを使った情報発信を日頃から行い、Twitterのフォロワーを増やして、拡散してもらえるようにしておく必要があります。

コンテンツの評価

特に重要な人　アクセス解析担当者

コンテンツを公開して一定期間を経過したらアクセス解析を行います。アクセス解析では、ページビュー（PV）、ユニークユーザー（UU）、滞在時間、直帰率、流入経路、検索キーワードなどを評価します。また、ソーシャルメディア上での

シェア数、シェアされた時のコメントなどから、読者の記事の評価を分析します。

さらに、Webサイトなど他のオウンドメディアへの流入、メルマガ登録、コンテンツ経由の問い合わせ件数なども追跡して効果を検証します。

コンテンツの評価結果は、次の企画や編集に活かします。コンテンツマーケティングはすぐに結果が出る施策ではありませんが、じわじわと数字を上げられるように、数値をみながら検証していきましょう。

予算を確保する

コンテンツを継続的に作成するには、人、時間、費用がかかります。ただし、運用の方式によって、どれくらいのコストがかかるかは大きく変わってきます。例えば、すべて社内でコンテンツ制作から配信まで行うのか、それとも外部の専門家にアウトソーシングするのかといった運用方式の違い、自社サーバーかレンタルサーバーかというシステム構成の違い、ブログ記事なのか動画なのかというコンテンツの形態や制作頻度などで変わってきます。

POINT 最初は小さく始めて反応を見る

中小企業の場合、最初から大きな予算をコンテンツ制作に当てるのは難しいこともあります。そういう場合は、まずは内部でコンテンツ制作、公開を行い、反応を見てみましょう。小さな予算で始めて知見をためてから、アウトソーシングするのか、人員を増やすのかを決めるという方法がおすすめです。

ただし、小さく始めるとコンテンツの更新頻度や品質を維持できず、結果として失敗に終わってしまうこともあるので、期間を決めてその間に作成するコンテンツの量、品質などをあらかじめ決めておくとよいでしょう。

CMSでブログを運営する場合の費用

ここでは、独自ドメイン（○○○.com）を取得しCMSでブログを運用する場合の費用を見積もってみましょう。

初期設計費用

まず、ブログを公開する場所を用意するために初期費用がかかります。これは毎月かかるものではありません。

- ●ドメイン取得費用
- ●レンタルサーバー初期費用
- ●CMS（WordPress、MovableTypeなど）構築費用

●サイトデザイン費用
　外部の専門家に依頼する場合の目安（1サイトのデザインのみ）：約10～50万円

CMS構築には、Webサーバーやデータベースの知識が必要になるので、専門家にまかせたほうが安心です。しかし、多くのレンタルサーバーでは、1クリックでCMSをインストールできるようになっているので、そうしたサービスを提供するレンタルサーバーを選べば自分で構築することももちろん可能です。

サイトデザインは、無料のテンプレートも数多く用意されており、簡単にカスタマイズ可能なものも多く配布されています。

本書ではCMSとしてWordPressを利用する場合の手順について以降で詳しく説明します。

毎月かかる費用

コンテンツを作成するには、次のような費用がかかります。内製化した場合外注費はかかりませんが、人件費がかかります。それぞれの作業にどれくらいの工数と人員が必要なのかを見積もり、外注した場合の費用比較をしてみるとよいでしょう。レンタルサーバーについては表2を参照してください。

- ●レンタルサーバー代
- ●企画費用
- ●ブログ記事ライティング費用
- ●ブログ記事で使用する画像費用
- ●ブログ記事のコーディング費用
- ●取材費
  外部の専門家に依頼する場合の目安
  1記事：約3〜10万円

レンタルサーバー名	URL
さくらインターネット	http://www.sakura.ad.jp/
ロリポップ	https://lolipop.jp/
エックスサーバー	https://www.xserver.ne.jp/

表2：主なレンタルサーバー

コンテンツマップでコンテンツを網羅する

コンテンツマップとは、コンテンツの目的や種類、ターゲットごとにコンテンツを分類したもので、必要なコンテンツがまんべんなく用意できるように利用します。コンテンツマップで最初に重視するカテゴリーを決めたり、コンテンツが増えてきた時にバランスよくコンテンツを配信できるように考えるのに役立ちます。

コンテンツマップは、目的に応じていろいろな軸で作成することができますが、マーケティング活動で利用しやすい形態として、ユーザーの購入プロセス（カスタマージャーニー）に合わせて、必要なコンテンツを配置していくとよいでしょう。

カスタマージャーニーとはユーザーと商品や製品との接点（コンタクトポイント）を通して、どのように「認知」し、「関心・興味」を持って「調査」をして必要性や価値を「理解」をした上で「購入」に至るのかというプロセスを整理したものです。カスタマージャーニーの設計には、事業全体や顧客の理解に加え、マーケティング施策の全体像を把握している必要があります。

顧客育成の観点から
コンテンツマップを作成する

B2Bの場合、B2Cに比較して検討期間が長く、商品の理解をするまでにも時間がかかりますので、次のようなステップで顧客の啓蒙、育成を図ります。

- ステップ1 潜在顧客の誘導
- ステップ2 メールアドレスなどのリード情報を獲得する
- ステップ3 コミュニケーション

表3のように ステップ1 では、ブログ、最新ニュース、レポートなどを用意して、その分野に多少なりとも興味のある人が自然な情報探索の結果として流入するようなコンテンツ設計が必要です。

ステップ2 では、ダウンロード資料、メルマガ登録、調査データなど、メールアドレスを登録すると閲覧できるような1つ敷居を高くしたコンテ

ンツを用意して、リード情報を獲得します。

ステップ3では、製品デモ、トライアル、簡易コンサルなど、実際に見込み顧客のニーズや課題を聞きながらその人のために提供する特別なコンテンツが鍵になります。

B2Bの場合、担当者1人で購入の検討から決定までできる商品と、担当者の上長、関連部門の担当者、経営者の決裁がなければ購入決定に至らない商品があります。特に、金額の高い商材であるほど、複数の人がそれぞれの立場から評価して決裁します。

企業によって決裁のフローや担当者は異なりますが、自社の顧客によくあるパターンと登場人物を想定し、それぞれの人にどんな情報を提供すれば購入の決裁がしやすくなるのかを検討してみましょう。

既存のオウンドメディアのコンテンツを整理する

コーポレートサイト、ブランドサイト、ECサイトなど、既存のオウンドメディアにたくさんのコンテンツがあるはずです。それぞれのコンテンツを一度全部洗い出してどんなコンテンツがあるのかを調べてみましょう。

次に各コンテンツのカテゴリーを分類し、どのコンテンツがすでにあるのか、用意されていないのかを把握します。

	ステップ1 潜在顧客の誘導	ステップ2 メールアドレスなどのリード情報を獲得する	ステップ3 コミュニケーション
ステージ	認知・興味関心	リサーチ	検討
接点	キーワード検索、ソーシャルメディア	指名検索、ソーシャルメディア	電話、メール、ミーティング
顧客心理	自社のマーケティング課題を明確にしたい 最新情報を収集したい	製品・サービスの調査 詳細情報の収集	疑問点の解消 製品・サービスの絞込み 具体的な利用方法を知りたい
コンテンツ	ブログ 調査レポート 最新ニュース	ダウンロード資料 導入事例 製品比較	デモ トライアル 簡易コンサル

表3：顧客の啓蒙・育成を図るステップ

POINT 既存のオウンドメディアと相互リンクする

新しいオウンドメディアを構築する時には、コーポレートサイト、ブランドサイト、ECサイトなど、既存の自社サイトと連係すること、コンテンツの配置先のバランスをとる必要があります。
また、次のような場所でユーザーが違和感なく双方に行き来できるような導線を作ると効果的です。

- メニュー
- バナー
- コンテンツ内リンク

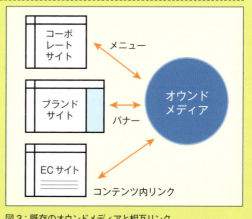

図3：既存のオウンドメディアと相互リンク

04 オウンドメディアとソーシャルメディアを組み合わせる

トリプルメディアはどれか1つを実践するものではなく、3つのメディアの違いや特性を踏まえて、相互に連係することで効果を最大化できます。

オウンドメディアのコンテンツをソーシャルメディアで拡散する

　トリプルメディアの中でも、ソーシャルメディアとオウンドメディアは相互に連係することで効果を最大化できます。オウンドメディアのみを利用した情報発信は、一方向になりがちですが、ソーシャルメディアを組み合わせることで双方向のコミュニケーションが可能になり、長期的な関係構築や好感度の醸成につながります。

　もちろん、コンテンツをより多くの人に届けるためのソーシャルメディアの拡散機能も見逃せません。興味、関心のある人に情報を届けられるだけでなく、人づてにコンテンツを拡散していく効果もあります。

オウンドメディアに欠かせないFacebookとTwitter

　2016年現在、日本国内で活発に利用されているソーシャルメディアとして、Facebook、Twitter、LINE、Instagramなどがあります。この中で特にオウンドメディアと相性がよいのがFacebookとTwitterです。

　Facebookでは、オウンドメディアに関するFacebookページを用意して、ページへの「いいね！」によってユーザーとのつながりを持てます。Facebookページに「いいね！」をしたユーザーは「ファン」と呼ばれることもあります。Facebookページからの投稿はファンに届くので、新しいコンテンツのリンクをシェアするとより多くの人の目に触れるチャンスを得られます。なおFacebookページについては089～092ページで詳しく解説します。

　Twitterは、140文字のツイートと、画像、動画をシェアするソーシャルメディアで、アカウントを「フォロー」してもらうことで、ユーザーとの関係を作れます。Twitterからもコンテンツのリンクをシェアして共有できます。ツイートはリツイートされることでさらに多くのユーザーに拡散します。なおTwitterのアカウント設定については093～094ページで詳しく解説します。

Facebookの利用実態

　Facebookは実名登録のソーシャルメディアです。Facebookの世界のユーザー数は15億9,000万人（2015年12月時点）、日本のユーザーは2,500万人（2016年4月時点）です。国内のおよその年代構成は10代と50代がそれぞれ1割強、20代と30代がそれぞれ3割弱、40代が2割で、幅広い世代で利用されていることがわかります 参考 http://lab.appa.pe/2016-02/sns-demo-2016.

html)。比較的炎上などされにくいソーシャルメディアです。

Twitterの利用実態

　Twitterの世界の利用者は3億2,000万人（2015年12月時点）のアクティブユーザーがいます。日本国内のユーザー数は推定2,100万人と言われています。Twitterは10代、20代のユーザーも多く存在しますが、ユーザーの48％以上が30代と言われています。

　TwitterはFacebookと違って実名登録の必要がないため、1人で複数のアカウントを使っている人も多くいます。Twitterでは、フォロワー以外のユーザーのツイートを検索などで取得することができるので、ユーザーの声を聞くための傾聴手段としても活用されています。

Facebookでコンテンツを拡散するには

　Facebookはオウンドメディアへの流入元として大きな存在になっています。自社のFacebookページでシェアをするだけでなく、ユーザーがFacebookで自発的にコンテンツのリンクをシェアすることで、その人の友達のネットワークに広がります。

　コンテンツがFacebookでシェアされる時に、元のコンテンツのタイトル、画像、説明がきちんと表示されるようにOpen Graph Protocol（OGP）と呼ばれるメタタグを設定します。設定の方法の詳細については171〜182ページで紹介します。

　OGPには、コンテンツをシェアした時に表示されるタイトル、コンテンツの説明、コンテンツの画像、Webサイトの種類などを指定することができます。

　ブログの場合、記事ごとにOGPを設定しましょう。正しく設定することで、リンクがシェアされた時に、そのコンテンツがどんな内容なのかを画像と共に表示するので、クリック率の向上が期待でき、アクセスアップにつながります。

　WordPressを使っている場合はブログ記事の作成時に簡単にOGPの内容を設定できるプラグインが用意されているので、活用するとよいでしょう。

Twitterでコンテンツを拡散するには

　Twitterでは、自社のツイートやコンテンツのURLをフォロワーを多く持つインフルエンサーがツイート／リツイートすると、一気にたくさんの人に届きます。インフルエンサーにツイートされたり、多数の人からツイートされてオウンドメディアのアクセスが急増する状態を「バズる」と言います。バズるとは、ハチの飛ぶ音、転じて人がヤガヤと騒ぐ様子を意味する英語のBuzzから来ています。

　FacebookでもTwitterでも、タイトルの付け方で反応が大きく変わります。思わずクリックしたくなるような魅力的なタイトルを付けることでコンテンツを拡散できます。

　Twitterでは、フォロー関係になくても公開されているユーザーのツイートを見ることができるので、どんなコメントを付けてツイートしているのかも調べることができます。コンテンツの反応を知る上で、Twitter上のコメントは非常に重要です。チェックして次のコンテンツ作成に活かしましょう。

04 オウンドメディアとソーシャルメディアを組み合わせる

用語	意味
ツイート	Twitterからの投稿
フォロー	フォローしたユーザーのツイートを自分のタイムラインで表示できるようになる
タイムライン	自分のフォローしている人たちのツイートが表示される
フォロワー	自分のアカウントをフォローしている人たち
いいね	旧「お気に入り」。小さなハートマークで表示される。ツイートに対して好意を持っているという気持ちを伝える
リスト	ユーザーをカテゴリーに分けて登録できる。フォローしてなくても登録できる
DM	特定のユーザーに向けたプライベートのメッセージ（他のユーザーからは閲覧できない）（ダイレクトメッセージ）
返信(リプライ)	特定のツイートに対して、返信する。@アカウント名が先頭に付く
@ツイート	特定のユーザーに向けてツイートする時に、先頭以外に@アカウント名を入れる。返信から生まれたTwitterのお作法

用語	意味
リツイート(RT)	他の人のツイートを自分のフォロワーに再ツイート
引用リツイート	オリジナルのツイートの前に自分のコメントを追加してツイート。 以前は、自然発生的に生まれた手法で、以前は非公式RTと呼ばれていたが、公式がサポート
ハッシュタグ	任意のキーワードに#を付けてツイート。クリックすると、ハッシュタグ付きのツイートのみ表示できる。 例　#翔泳社　#防災の日
トレンド	話題のツイート、キーワード
鍵付きアカウント	ツイートを非公開にしているアカウント。許可されているユーザーのみツイートを閲覧できる。リツイートはできない
ブロック	ブロックした相手が自分をフォローできなくなり、自分も相手をフォローできない。ブロックした相手からの@ツイートは表示されない

表1：Twitterの用語集

05 オウンドメディアのKPI（評価指標）

オウンドメディアを継続的に運用するためには、目的に応じた評価指標を設定し定期的に検証することが必要です。評価指標が目標に到達しない場合、仮説を立てて検証し、改善を繰り返します。

ゴール、目的に応じたKPI（評価指標）

KPI（Key Performance Indicators：重要業績評価指標）とは、目的を達成するために各業務の評価をするための指標のことです。オウンドメディアは長期的な施策ですから、KPIを定期的に評価しながら、改善をすすめ最終的なゴールを達成します。

オウンドメディアでは、PV（ページビュー）、UU（ユニークユーザー数）、直帰率といったアクセス解析の視点からの数値、コンテンツの公開本数やコンテンツの品質といった運用視点からの数値、特定キーワードの検索エンジンでの表示順位といったSEO視点からの数値、問い合わせ数や資料ダウンロード数といったリード獲得の視点からの数値、態度変容といったアンケートなどで取得する数値など、さまざまな数値があります。さらに、問い合わせの先に実際の営業訪問、契約、受注金額、契約期間、リピート契約というように、最終コンバージョンも含めて評価していくこともあります。この場合、オウンドメディアだけでなく、営業部などとも連係して評価します。

オウンドメディアでは、目的とステージに合わせてKPIを設定し評価していくとよいでしょう（図1、次ページの表1）。

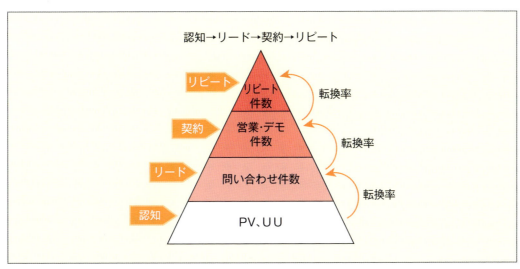

図1：ステージに合わせたKPI設計の例

項目	内容
売上アップ	問い合わせ件数、見積もり依頼、営業転換率、会員数、CAC（顧客獲得価格）
顧客のリテンション、ロイヤリティ	コンテンツ本数、コンテンツ品質、メルマガ登録数、メルマガ開封率、態度変容
エンゲージメント	ソーシャルメディアのシェア数、コメント数、滞在時間、閲覧PV数、インターネット上での言及数
ブランド認知	検索エンジン表示順位、PV、UU、広告費の削減率
エバンジェリスト、ブランドアドボカシー育成	推奨意向（ネットプロモータスコア：NPS）、LTV（生涯顧客価値）

表1：目的に合わせたKPI設定の例

中間コンバージョンの数値を重視する

　購入、契約など最終的なコンバージョンにいたったかどうかは重要な関心事ですが、オウンドメディアの施策がダイレクトにこれらの数値にはねかえってくるまでは時間がかかりますし、評価しにくいのも現実です。

　オウンドメディアでは最終的なコンバージョンだけを見るのではなく、会員登録、見積もり依頼、問い合わせ、メルマガ登録、資料ダウンロードなどを中間コンバージョンとして評価するとよいでしょう。中間コンバージョンを増やし、長期的にコンテンツを配信して関係を深めることが最終コンバージョンにつなげていくのです。

　中間コンバージョンの例としては、次のようなものがあります。

- ●メルマガ登録
- ●資料ダウンロード
- ●問い合わせ
- ●見積もり依頼
- ●ウェビナー（オンライン・セミナー）参加
- ●クーポン取得
- ●デモ体験

　中間コンバージョンでユーザーにメールアドレスを登録してもらうことで、メルマガやニュースの配信、個別連絡、電話でのフォローにつなげることができ、顧客育成が可能になります。

06 PDCAを通して オウンドメディアを成長させる

PDCAとはPlan（計画）、Do（実行）、Check（検証）、Action（改善）を通して継続的に改善することです。計画と実行を評価して改善につなげましょう。

オウンドメディアの成長に合わせたPDCA

オウンドメディアは運用を開始してから徐々にコンテンツが増えて成長していきます。その成長がただコンテンツが増えただけで、ゴールに近づかなければ施策として評価されません。成果につながる成長を目指しましょう。

B2Bのオウンドメディアの成長は以下の3つのレベルで考えるとイメージしやすくなります。

開始期

オウンドメディアを開始したばかりの状態。認知度が低く、コンテンツが少ないため、PV、UUが少なく、検索流入もまだ見込めません。

オウンドメディア開始当初は、期待より効果が少ないことで挫折しやすい時期ですが、ここは助走期間ととらえて質の高いコンテンツを多めにアップしていき、コンテンツを充実させていきながら、経験知をためていきます。ソーシャルメディアやメルマガ、社員の個人ソーシャルメディアアカウントでのシェアなど、持っている資産を活用して、まずはオウンドメディアをスタートさせたことを認知させていきます。Check・Actionのポイントは次のとおりです。

Check・Action

- コンテンツ本数
- コンテンツの品質
- PV／UU

育成期

コンテンツが増えて、検索経由の流入が増えたり、人気記事が生まれる時期です。業界の関係者を中心に少しずつ認知度も上がってきて、メディアとしての価値が生まれてきます。流入する検索キーワードを調べて、ターゲットとしているユーザーが訪問しているかどうかもチェックしてください。人気の記事の場合、ターゲットではないユーザーが大量にアクセスしてくることがあります。オウンドメディアの価値をあげる上で悪いことではありませんが、問い合わせにはつながりにくいのが実情です。

想定したキーワードでの検索流入が増えている場合、コンテンツが増えるほどPV、UUが底上げされるので、徐々に問い合わせ、資料ダウンロード数も増えてきます。ダウンロード資料を定期的に更新するなど、中間コンバージョンに関係するコンテンツを充実させていきます。

ダウンロードコンテンツとしておすすめなのが、ユーザーの導入事例です。導入企業にインタビューして、その商品やサービスを使って、顧客

の課題がどのように改善されたのかを具体的な数値を出して紹介できれば、導入を検討中の企業にとって参考になります。導入にあたって会社の上司から「導入実績を知りたい」と言われる担当者も多いので、すぐに示せる資料としての体裁も整えておきましょう。Check・Actionのポイントは次のとおりです。

Check・Action
- 検索の表示順位
- 流入検索キーワード
- ダウンロードコンテンツの更新頻度
- 問い合わせ件数
- ダウンロード件数
- 人気記事の傾向
- 問い合わせにつながりやすい記事の傾向

POINT　検索キーワードが表示されない

Googleアナリティクスでは、通常のブラウザ経由の検索はSSL通信（暗号化通信の一種）になったため、サイト管理者側からは検索キーワードが「not provided」と表示されて検索キーワードを特定できません。ウェブマスターツールとGoogleアナリティクスをリンクさせている場合は、「検索クエリ」から検索エンジンでの表示回数、クリック数をおおまかに確認できます。

安定期

コンテンツの数が一定の割合で増え続け、PV、UUが一定を超えてリピーターの訪問者が増えてくる時期ですが、伸び率が鈍化してきます。ターゲットの狭い市場であれば、それ以上伸びても意味がないこともあるので、PV、UUを伸ばすよりコンテンツの品質を高めて、問い合わせにつなぐこと、確度の高いリード情報を得ることを意識します。

品質が高いコンテンツは、滞在時間、閲覧PV数で評価します。ユーザーが2分、3分としっかりコンテンツを閲覧していたり、他のコンテンツを表示している場合、コンテンツとユーザーがマッチして成約確度の高いユーザーに届いていると仮説を立てられます。問い合わせを受けてから、営業が電話やメールなどでフォローした時の反応と合わせて評価します。

また、問い合わせから営業につながった転換率、売上金額も評価していきます。この時期は顧客接点を増やすために、オンライン／オフラインセミナーや展示会、デモや簡易コンサルテーションの機会などを用意すると成約につながりやすくなります。オンラインのコンテンツからさらに見込み顧客との個別のオフラインの関係を作っていくことで、その先の受注につなげやすくなります。

読者やファンが増えてきたこの時期には、読者を対象にアンケート調査を行うという施策もできるようになります。調査結果はレポート、白書としてまとめ、ダウンロードコンテンツとしたり、さらにレポートのリリースをプレスリリースで知らせましょう。レポートの公開は、外部のニュース系メディアなどで取り上げられるチャンスがあるので、新たな読者獲得にもつながります。

Check・Actionのポイントは次のとおりです。

Check・Action
- コンテンツの滞在時間
- 閲覧PV数
- 問い合わせ件数
- ダウンロード件数
- 営業転換率
- 創出売上金額
- 顧客1人当たりの獲得価格

POINT　B2Cの場合も同様

上記はB2Bの場合は想定しましたが、B2Cであっても育成とチェックポイントはほぼ同じです。最後の安定期では、オンライン会員登録率、公式サイトやECサイトへの流入などを評価していくとよいでしょう。

Chapter 4

WordPressを使ったオウンドメディアの構築に必要な環境

本章からは、WordPressを使ったオウンドメディア構築について解説していきます。
WordPressは世界中で利用されているブログシステムで、Webサイト、ブログ、アプリなどの作成に利用されています。WordPressは初心者でも使いやすく、更新も簡単です。

01 WordPressで オウンドメディアを構築する

ここからは、WordPressを使ったオウンドメディア構築について解説していきます。

世界中で使われているWordPress

WordPressは、プログラムのソースコードが公開されており、誰でも自由に利用できるオープンソースソフトウェア（OSS）として開発・公開されています。WordPressはオープンソースソフトウェアなので、開発は基本的に誰でも参加できますし、関連するテーマやプラグインも多数公開されています。WordPressの開発は、コア開発チームが中心になって行っていますが、数百を超えるボランティアが協力しています。

WordPressの基本はブログシステムですが、柔軟性が高くコンテンツの管理がしやすいため、企業サイトや大規模なメディアでも使われています。コンテンツ管理ができることからCMS（Contents Management System）としてカテゴライズされることもあります。

通常のWebサイトの更新では、Webサイトを記述する言語であるHTMLやデザインを指定するCSSの知識が必要です。WordPressは、HTMLやCSSの知識がない人でも、Webブラウザから WordPressの管理画面（WYSIWYGに対応している）にアクセスしてテキストを入力したり、画像を指定することで、簡単に新しいコンテンツを制作できます。コンテンツの更新管理が簡単なことから数多くのオウンドメディアがWordPressを選んでいます。

> **Memo** **オープンソースのGNU GPLライセンスで配布**
>
> WordPressのライセンスはGPLライセンス（General Public License）のもと、ソースコードが公開されており、変更・再配布ができます。

> **Memo** **WYSIWYG（ウィジウィグ）**
>
> What You See Is What You Get（見たままが得られる）の意味で、画面上のコンテンツがそのまま成果物として出力できます。

サポート、マニュアルについて

WordPressの開発は誰でも参加できますが、主にコア開発メンバーと呼ばれるコミュニティの参加者が開発を行い、無料で配布されています。そのため利用者はWordPressの思想を理解した上で自己責任で運用をしなければいけませんし、トラブルの場合も自分で対応しなければなりません。企業がプロダクトとして有料で販売しているソフトウェアならば、手厚いサポートが受けられ

ますが、WordPressは基本的に自分で運用することが前提です。

しかし、WordPress本体の大きなバグや改修は、コミュニティで行われていますので、対応のスピードも早いですし、バージョンアップも頻繁に行われています。

利用のマニュアルは、Wiki（こちらもオープンソースソフトウェアのCMS）で作成されており、英語版だけでなく、各国語に翻訳されており日本語版もあります。日本語版のマニュアルは英語版を翻訳したもので有志によって作成されているため、一部更新が追いついていない部分もありますが、WordPressの運用でわからないことがあれば、まずはマニュアルを確認してみるとよいでしょう。

また、WordPressのサポート用のフォーラムが用意されており、日本語でも投稿できます。ここでは質問をすると誰かが答えてくれます。どうしても解決できない問題があればフォーラムで質問を投稿するとよいでしょう。

Memo
WordPressのマニュアルやフォーラム

WordPressのマニュアルやフォーラムは次のサイトで確認できます。

・WordPress Codex 日本語版（WordPress 日本語マニュアル）
URL http://wpdocs.osdn.jp/

・WordPress フォーラム
URL https://ja.forums.wordpress.org/

WordPressの基本的な仕組み

WordPressはWebサーバーにインストールして使います。WordPressはプログラム言語の1つであるPHPによってWordPress本体の機能やデザインのテーマが作られ、データベースのMySQLに投稿が格納されています。

ユーザーがWebサイトにアクセスすると、テーマ、投稿、画像などが呼び出されて、1ページとして動的に表示されます。必要に応じて追加できるプラグインもPHPで作成されています。

通常のWebサイトの場合は、Webサーバー上に保存されているそれぞれのページを記述したHTMLファイルが用意されますが、WordPressの場合はアクセスした時にデータベースと連係して動的にページを生成して表示するのです（図1）。

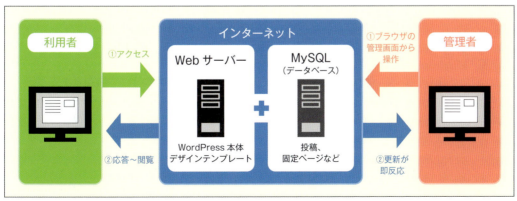

図1：WordPressの基本的な仕組み

テーマでデザインを指定する

　WordPressで構築されたWebサイトのデザインは、テーマと呼ばれるデザインテンプレートで指定されます。WordPressのテーマは、世界中の人たちが自由に作成、公開できるので、無料のテーマも数多く用意されています。ほとんどのテーマが自分でカスタマイズして活用できるようになっています。最近は、テーマのカスタマイズも管理画面経由で設定できるものが多く、HTMLやCSSの知識がなくても色や幅、画像の位置などを自在に変更できるテーマが多くそろっています（図2）。

　もちろん、自分でオリジナルのテーマを作成して適用することもできます。人気のテーマを使うと他のWebサイトと似通ってしまうということを避けたい場合は、自分で作成するとよいでしょう。

　Webの制作会社の中には、WordPressのオリジナルテーマ作成を請け負ってくれるところもあります。費用は、デザインの難易度やページのパターン数などによって異なりますが、おおよそ20〜100万円くらいでオリジナルテーマを作成できます。

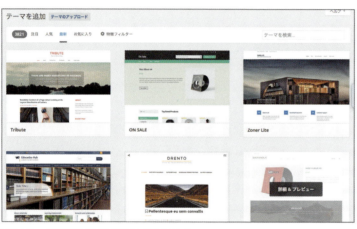

図2：テーマ変更するだけでデザインを変えられる

プラグインで機能を追加できる

　WordPressには機能拡張ができる便利なプラグインがたくさんそろっています。プラグインはPHPで書かれており、世界中の開発者が公開しています。

　例えば、問い合わせフォームを作る場合、フォームの画面をデザインするだけでなく、ユーザーからの入力情報を処理するためにプログラムを書かなければなりませんが、問い合わせの機能のあるプラグインがすでにたくさんあるため、それらを利用することで開発工数を削減できます。

　問い合わせ以外にも、SEOのタグ管理ができるプラグイン、スライダーを表示できるプラグイン、人気の記事をランキングで表示するプラグインなどいろいろなプラグインがあります。プラグインについては、134〜137ページで紹介します。

02 WordPressの構築に必要な環境

WordPressはWebサーバーにインストールするもので、データベースであるMySQLと連係して使います。本書では、WordPress4.4を利用します。

Webサーバーを利用する場合

Webサーバーは自前で用意するか、レンタルサーバーを活用します。自前で用意する場合のサーバーOSは Unix/LinuxでWebサーバーソフトウェアは、ApacheまたはNginxが推奨されています。Webサーバーはリモート接続が許可されている必要があります。

WordPressをインストールするWebサーバーの動作環境の要件は次のとおりです。

- PHP バージョン 5.6 以上を推奨
- MySQL バージョン 5.6 以上を推奨

レンタルサーバーを利用する場合

自前でWebサーバーを構築するには、サーバー管理のノウハウや保守のための知識が必要です。自前のWebサーバーにセキュリティの脆弱性があった場合、そのサーバーを踏み台にして他のサーバーに攻撃をかけられてしまうこともあり、サーバー管理者の責任も問われます。

初心者であれば、レンタルサーバーを借りて構築することをおすすめします。レンタルサーバーであれば、ほとんどがWordPressのサーバー要件を満たしていますし、画面にしたがってクリックするだけでWordPressのインストールが行える簡易インストール機能（名称はレンタルサーバー会社によって異なる）を備えているサービスもたくさんあります。

表1にWordPressに対応しており簡易インストールに対応している国内の主なレンタルサーバーの事業者をまとめました。サーバー要件やプランの内容や料金は変動するので契約前に必ず自分で確認するようにしてください。また、プランによっては簡易インストールに対応していないこともあります。

本書では、ロリポップを例にして解説しますが、インストール後の手順などは同一です。

サーバー名	エックスサーバー	さくらインターネット	ロリポップ	ヘテムル
公式サイトURL	https://www.xserver.ne.jp/	http://www.sakura.ne.jp/	https://lolipop.jp/	http://heteml.jp/
サーバー環境	PHP7/PHP5/PHP4、MySQL	PHP5/PHP4、MySQL5.5	PHP5、MySQL5.6	PHP7/PHP5、MySQL5.6
初期費用	3,240円～	515円～	1,620円～	4,266円～
月額費用	1,080円～	1,029円～	250円（ライトプラン）はCGI版のみ（モジュール版非対応）	1,080円～
無料お試し	10日間	2週間	10日間	15日間

表1:WordPressに対応している国内の主なレンタルサーバー

03 独自ドメインを取得する

ブランディングを意識するなら、ドメインはとても重要です。オウンドメディアは構築する場合、オリジナルのドメインを新規で取得するか、既存のドメインのサブドメインを指定します。

インターネット上の住所を表す URL

URLは、インターネット上のファイルの場所を指定する住所のようなものです。ドメインは、URLのうち次の部分を指します。

●ドメインの例
officefukaya.com ― 独自ドメイン

レンタルサーバーを借りると、レンタルサーバーのアドレスが付いたドメインを割り当ててもらえますが、オウンドメディアを構築する時は自社の所有物であることを示すためにも、自社だけの独自のドメインを取得して設定するとよいでしょう。

独自ドメインは、契約したレンタルサーバー会社経由で購入するか、ドメイン取得業者(「お名前.com、ムームードメイン、バリュードメインなど)から購入します。費用は、取得するドメインの種類や取得業者によっても異なりますが、ほとんどの場合年間数千円で維持することができます。

すでに、企業サイトなどを運用しており独自ドメインを取得している場合は、サブドメインを指定してオウンドメディアを運用するのもおすすめです。サブドメインは、ドメインの中をコンテンツ内容などで分けたものです。

●サブドメインの例
blog.officefukaya.com ― サブドメイン

> **POINT レンタルサーバーが無料で割り当てるドメインの例**
>
> 次のようにsakura.ne.jp という独自ドメインに、officefukaya がサブドメインとして割り当てられています。ブランディングを考えるなら、自社の名前だけの独自ドメインを取得することをおすすめします。
>
> ●レンタルサーバーが無料で割り当てるドメインの例
> (さくらインターネットの場合)
> officefukaya.sakura.ne.jp ― サブドメイン

> **POINT 独自ドメインのメリット**
>
> 独自ドメインを持つことは、ブランディングやわかりやすさだけではありません。リニューアルなどでレンタルサーバーを引っ越す場合などでも、同じドメインを継続して利用できます。

> **注意! レンタルサーバーでドメイン取得すると移管できない場合もある**
>
> レンタルサーバーで独自ドメインを取得すると、他のレンタルサーバーに移管する時に、ドメインを維持できない場合があります。契約時に、ドメインの移管が可能かどうかを確認しておきましょう。

独自ドメインの種類

　独自ドメインの後ろの、.com、.netなどはトップレベルドメインと呼ばれています。トップレベルドメインは、表1に示すように用途に合わせて取得できます。「officefukaya」などの独自ドメインの文字列は、任意の文字列（英数字、ハイフン）を組み合わせて指定できますが、取得は「早い者勝ち」であるため、すでに他の人が取得している場合は利用できません。希望のドメインが取得されている場合は、他のトップレベルドメインで探すか、文字列を変更するなどしてください。

　なお、xx.jp形式のJPドメインは日本の組織や居住者のみが利用でき、組織によって取得できるドメインが異なる属性型ドメインと呼ばれます。例えば、co.jpであれば日本国内の会社、ac.jpであれば高等教育機関、研究機関、go.jpは政府機関や独立行政法人などというようにドメインごとに取得できる組織が決まっています。属性型ドメインの種類によっては、申請にあたり審査書類の提出、承認の手続きが必要です。

●参考：JWNIC　TLDW一覧
URL https://www.nic.ad.jp/ja/dom/types.html

ドメイン	用途	登録対象
com	商業組織用	世界の誰でも登録可
net	ネットワーク用	世界の誰でも登録可
org	非営利組織用	世界の誰でも登録可
info	制限なし	世界の誰でも登録可
biz	ビジネス用	ビジネス利用者
name	個人名用	個人
pro	弁護士、医師、会計士、エンジニア等用	世界の誰でも登録可
asia	アジア太平洋地域の企業／個人／団体等用	アジア太平洋地域の法人

表1：主なトップレベルドメイン
一般財団法人日本ネットワークインフォメーションセンター　URL https://www.nic.ad.jp/ja/dom/types.html より引用

取得したドメインをDNSサーバーに登録する

　独自ドメインを取得したら、ドメインをDNS（Domain Name System）サーバーに登録します。DNSサーバーとは、取得したドメインとWebサーバーのIPアドレスをひも付けて管理するものです。ユーザーが「http://officefukaya.com」にアクセスした時に、「http://officefukaya.com」がどこのサーバーなのかを、複数台のDNSサーバーが連係してIPアドレスに変換して返します。これにより、ユーザーはIPアドレスを意識しなくても、世界中のWebサイトに接続することができるのです。

　独自ドメインは契約しているレンタルサーバーまたはドメインを取得したドメイン取得事業者のDNSサーバーに登録します。レンタルサーバー、ドメイン取得事業者によって、登録方法は異なりますので、各社の提供するマニュアルなどを参考にしてください。

DNSサーバーに反映されるまでの時間

ドメインをDNSサーバーに登録すると、その情報が世界中のDNSサーバーに反映されるまで数時間から数日かかります。

04 WordPressの構築・運用に必要な知識とツール

WordPressの構築・運用は、初心者でも可能です。しかし、本格的にカスタマイズする場合は、Webデザインや開発の知識が必要です。その他必要なツールも紹介します。

必要な知識とツール

WordPressの構築に必要な知識

ここまで準備ができれば、第5章からのWordPressの構築に入る準備が整ったことになります。WordPressの構築や運用は、最低限の作業はWebブラウザの画面から可能なので、HTML、CSS、PHP、MySQLの知識などがなくても可能です。

ただし「自分でカスタマイズをしたい」「デザインをしたい」という場合は、これらの知識が必要になります。本書では、初心者でも構築できることを目的にしているので、こうした専門的な知識がなくても使えるように解説しています。

プラグインやテーマなどは開発者が外国人の場合、マニュアルやサポートが英語になることもあるので、基本的な英語力もあったほうがよいでしょう。

あると便利なツール

WordPressのカスタマイズをする場合は、HTML、CSS、PHPのファイルを編集するため、エディタソフトが必要です。Windowsに標準搭載されている「メモ帳」の場合、余計なコードが付与されてエラーの原因になることがあるので、別のエディタを推奨します。テキストエディタは、記事などのコンテンツ作成でも活用できます。

手動でWordPressをインストールする場合やテーマをアップロードする場合、FTP（File Transfer Protocol：ファイル転送）のクライアントソフトウェアが必要です。FTPクライアントソフトウェアは無料・有料を含めていろいろ用意されています。

また、実際のコンテンツ作成にあたっては、画像ファイルの編集、加工が必要な場面も多いでしょう。Adobe Photoshop、Illustratorなどの画像加工ソフトはサブスクリプションモデルになったので、利用しやすくなりましたが、当然のことながら継続利用するほど費用がかさむので、無料のソフトウェアの利用も検討しましょう。

FTPクライアントソフトウェア

　ファイルをアップロードする際に便利なソフトウェアです。

- Windows/Mac OS
  FileZilla
  URL https://filezilla-project.org/

  Cyberduck
  URL https://cyberduck.io/index.ja.html?l=ja

- Mac OS
  Transmit（有料）
  URL https://itunes.apple.com/jp/app/transmit/id403388562?mt=12

- Windows
  FFFTP
  URL https://osdn.jp/projects/ffftp/

  WinSCP
  URL http://winscp.net/eng/docs/lang:jp

テキストエディタ

　記事の作成で使い勝手のよいソフトウェアです。

- Windows
  TeraPad
  URL http://www5f.biglobe.ne.jp/~t-susumu/library/tpad.html

  サクラエディタ
  URL http://sakura-editor.sourceforge.net/

  秀丸エディタ（シェアウェア）
  URL http://hide.maruo.co.jp/software/hidemaru.html

- Mac OS
  mi
  URL http://www.mimikaki.net/

- Windows/Mac OS
  GNU Emacs
  URL http://www.gnu.org/software/emacs/

  Vim
  URL http://www.vim.org/

画像加工ソフトウェア

　有料でなくても、画像加工できるソフトウェアはあります。

- Windows/Mac OS
  GIMP
  URL https://www.gimp.org/

- Mac OS
  Acorn（有料）
  URL http://www.flyingmeat.com/acorn/

05 Facebookページを準備する

オウンドメディアは、ソーシャルメディアを組み合わせることで効果が倍増します。ここでは、オウンドメディアと合わせて運用したいFacebookページの基本を紹介します。

Facebookページとは

　Facebookには、個人のFacebookアカウントと、企業や団体のために用意されたFacebookページがあり、両者は機能も位置付けも異なります。Facebookアカウントが個人のアクティビティを投稿し、友人と交流する場所であるのに対して、Facebookページは自社に興味のある人達を集めてその人達に情報を配信し交流するものです。

　オウンドメディアで新しいコンテンツを公開した時、季節やイベントなどタイムリーな話題がある時など、Facebookページでコンテンツをシェアすることで、多くの人に届けられます。

　Facebookページの情報が、個人のニュースフィードに表示されるのは、Facebookページに「いいね！」をしたユーザーです。ですから、まずはFacebookページに「いいね！」が集まらないと拡散の効果がありません。Facebook広告を活用したり、ユーザーにFacebookページを知ってもらうようにして、Facebookページの発信力をあげましょう（図1）。

図1：Facebook個人のページ（左）、Facebookページ（右）

POINT　Facebookページの使い分け

オウンドメディアを開始したら、そのオウンドメディア単体のFacebookページを用意してもいいですし、企業のFacebookページの中でオウンドメディアの投稿をしてもかまいません。企業ブログなどは、企業のFacebookページの中で運用してもいいですが、企業色が薄めの場合は単体で作ったほうがよいでしょう。Facebookページの名前はわかりやすくシンプルなものにしましょう。

Facebookではすべての投稿が見られるとは限らない

　Facebookに個人アカウントでログインすると最初に表示されるのが「ニュースフィード」です（図2）。ニュースフィードには、友達の投稿、参加しているグループの投稿、「いいね！」している企業や店のFacebookページの投稿などが混在して表示されます。このニュースフィードの表示は、ただ時系列で表示されるのではなく、「エッジランク」と呼ばれるFacebookの独自のアルゴリズムによって、ユーザーごとに最適化されています。

　エッジランクの判定には、自分とその投稿主の関係、その投稿自体の人気の2つが大きく影響します。投稿主の関係では、頻繁に「いいね！」やりとりしている関係であれば親密度が高いと判断され表示されやすくなりますが、めったに投稿に反応しない場合は、興味・関心が薄いと判断されその投稿は表示されにくくなります。

　投稿自体の人気としては、たくさんの人に「いいね！」、コメント、シェアされる投稿は表示されやすくなる傾向があります。

図2：Facebookのニュースフィード

Facebookでシェアした時のコンテンツの表示に注意

　さて、Facebookを始めとするソーシャルメディアでコンテンツのリンクをシェアする時、HTMLファイルの中で表示内容を共通のメタタグで指定します。そのメタタグがOpen Graph Protocol（OGP）です。OGPには、コンテンツをシェアした時に表示されるタイトル、コンテンツの説明、コンテンツの画像、Webサイトの種類などを指定できます。

　ブログの場合、記事ごとにOGPを設定しましょう。正しく設定することで、リンクがシェアされた時に、そのコンテンツがどんな内容なのかを画像と共に表示されるので、クリック率の向上が期待でき、アクセスアップにつながります。

　WordPressを使っている場合はブログ記事の作成時に簡単にOGPの内容を設定できるプラグインが用意されているので、活用するとよいでしょう。

プラグイン All in One SEO

　検索エンジンの検索結果に表示されるサイトタイトルやサイトの説明を指定するプラグインです。「Social Meta」機能を有効にすると、投稿画面からOGP設定ができるようになります（図3）。詳細は171〜182ページで紹介します。

● OGPの例

```
<meta property="og:title" content="
今なぜ「離脱防止」が重要なのか？実は気づいてい
ない作り手とユーザのギャップ(コンテンツのタイ
トル)" />
<meta property="og:description"
content="作り手にとっての当たり前と、ユーザ
の当たり前に大きなギャップが。実は、ユーザをポ
ツンと迷わせているかもしれないのです。(コンテ
ンツの説明)" />
<meta property="og:type"
content="blog(コンテンツの種類)" />
<meta property="og:url"
ontent="https://www.sprocket.bz/
blog/?p=625(URL)" />
<meta property="og:image"
content="https://www.sprocket.bz/
blog/wp-content/uploads/2015/11/458.
jpg(画像)" />
<meta property="og:site_name"
content="Sprocket公式ブログ(サイト名)" />
```

図3：シェアした時の表示例

POINT　OGPが反映されない場合

OGPの設定をきちんと行っているのに、Facebookでリンクをシェアした時に正しく反映されない場合があります。
こうした時は、Facebookが用意している「Open Graph Object Debugger」を利用します。OGPをチェックしたいURLを入力して、「Debug」をクリックすると、再読み込みして指定内容を表示します。うまくいかない場合は、数回クリックしてみると正しく読み込まれる場合があります。

URL https://developers.facebook.com/tools/debug/og/object/

Facebookページで利用できるFacebookページインサイト

　Facebookページでは、投稿がどれくらいの人にリーチし、反応が得られたのかがわかる「Facebookページインサイト」という機能があります。Facebookページインサイトからは、Facebookページに「いいね！」をしているユーザーの統計データ（性別、年齢、地域など）を確認したり、ユーザーがオンラインの時間なども見ることができます。

　Facebookページを運用していると、反応がよくてリーチが伸びる投稿と、反応が悪くリーチしない投稿があることに気付くはずです。Facebookページインサイト（図4）では、詳細な情報を確認できるので、定期的にチェックしてどういう投稿がユーザーに好まれ反応を得やすいのかを分析し、次の投稿に活かしましょう。

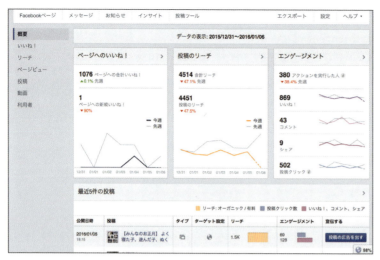

図4：Facebookページインサイトの画面

複数人で管理できるFacebookページ

Facebookページは、複数人で管理でき、ユーザーごとに権限を割り当てることもできます。日々の投稿、投稿分析、広告管理など全部1人で行うのが難しい時は、複数人の管理人で業務を分けることも可能です。

管理人の追加は、Facebookページの設定画面の「ページの役割」から行えます（図5）。

図5：管理人の追加の画面

06 Twitter を準備する

オウンドメディアにとって Twitter は強い味方です。Twitter でシェアされることで多くの人にコンテンツが拡散するからです。公式の Twitter アカウントを用意して自ら発信する準備をしましょう。

Twitter の公式アカウントとは

Facebookは、個人のFacebookアカウントと、企業や団体のために用意されたFacebookページに分かれていますが、Twitterの場合は個人のアカウントも企業のアカウントも区別はなく利用できる機能も同じです。

Memo 認証アカウント

Twitter が公式に本人のものと認めたアカウントは、アカウント名の横にブルーのチェックマークが付きます（図1）。

図1：認証付きの Ttwitter アカウントの画面

Twitter の「新着ツイートのハイライト」とは

Twitterは基本的にツイートを投稿したらリアルタイムにフォロワーに情報が届く仕組みです。ですから、投稿はリアルタイム性を意識した投稿をすると、反応がよくなります。

最近はTwitterに「新着ツイートのハイライト」という表示がされるようになりました。これは、フォローしているユーザーのツイートのうち、人気のツイート（リツイートや返信、「いいね！」が多いツイート）や、頻繁にやりとりするユーザーのツイートが表示される機能です。

Facebookほどではないですが、Twitterにはツイートのエンゲージメントが考慮されているので、反応のよいツイートをすること、ユーザーとコミュニケーションすることがますます重要になってきています。

Twitterの「アナリティクス」とは

Twitterでは、ツイートがどれくらいの人に届いたのか、フォロワーがどれくらい増えているかを数値で確認できる「アナリティクス」という機能が利用できるようになりました（図2）。

Facebookページインサイトと同じように、人気のツイートの傾向を把握したり、反応を得られやすい時間を見つけるのに役立ちます。

図2：アナリティクスの画面
URL https://analytics.twitter.com/

複数人で管理できるようになったTwitter

Twitterはこれまで1つのアカウントを複数人で管理する場合、サードパーティが提供する専用の管理ツールを使うか、パスワードを共有するしかありませんでした。

しかし、Twitterでも複数のユーザーが1つのアカウントを管理できる機能がついに追加されました（図3）。

利用するには、Twitterのセルフ式の広告の設定が必要になりますが、必ずしも広告の配信をしなくても利用できます。パスワードの共有はセキュリティ上の脆弱性につながるので、できるだけアカウントを追加して、管理する方式にしたほうがよいでしょう。

簡単に追加や削除ができるので、担当者が移動になった時や、新しい担当者が増えた時でも柔軟に運用できます。

図3：管理人の追加画面

Chapter 5

WordPressで
オウンドメディアを
構築する

レンタルサーバー契約をして、独自ドメインを取得し、必要な環境が整ったらいよいよWordPressでオウンドメディアの構築を始めましょう。

01 WordPressを インストールする

本書ではレンタルサーバーに用意されているWordPressの「簡単インストール」機能を使ってインストールする方法を紹介します。作業はレンタルサーバーごとに若干異なりますが、画面にしたがって作業をすれば簡単にインストールできます。

説明の流れ

1 ロリポップの「簡単インストール」でWordPressをインストールする

2 インストール結果を確認してログインする

1 ロリポップの「簡単インストール」でWordPressをインストールする

レンタルサーバーに用意されているWordPressの簡易インストール機能の呼び方はサービスによって異なります。本書では、ロリポップの簡易インストール機能である「簡単インストール」を使っ てインストールする手順を解説します（図1）。

事前にレンタルサーバーへの契約、独自ドメインの取得、ドメインの設定は完了させておいてください。

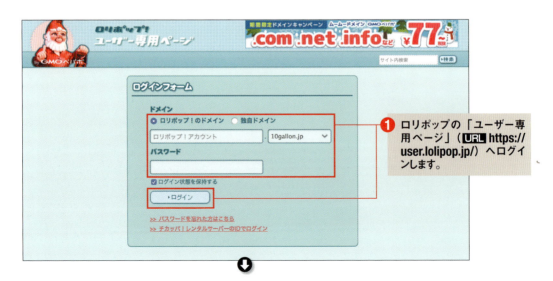

❶ ロリポップの「ユーザー専用ページ」（URL https://user.lolipop.jp/）へログインします。

01 WordPressをインストールする

❷ 左側のメニューから「簡単インストール」→「WordPress」をクリックします。

❸ WordPressをインストールするURL、または独自ドメインを選択します。利用データベースは「新規自動作成」が表示されていれば、ランダムの文字列でデータベースが自動生成されます。表1をもとに「WordPressの設定」を入力して、「入力内容確認」をクリックします。

設定項目	説明
①サイトのタイトル	WordPressで作成したWebサイトのタイトル。後で変更可能である
②ユーザー名	WordPressの管理者アカウント名になる
③パスワード	WordPressの管理者アカウントのパスワード
④メールアドレス	アカウントに紐付くメールアドレス
⑤プライバシー	「検索エンジンによるサイトのインデックスを許可する。」にチェックを入れると、サイトが検索結果に表示される。準備中の段階ではチェックを外すとよい。この設定はWordPressの管理画面からも設定できる

> 注意！ **ユーザー名とパスワードは厳重に行う**
>
> ユーザー名とパスワードは、WordPressの管理画面のログインに必要。ロリポップの場合、以下のユーザー名を設定できません。パスワードは、不正ログインを防ぐために8桁以上のランダムな英数字に指定することが推奨されます。
> ・「admin」「test」「administrator」「Admin」「root」

表1：WordPressの設定

❹ 設定内容の確認画面が表示されるので確認します。「インストール先のディレクトリに同じ名前のファイルがある場合は上書きされます。」の内容を確認し、チェックを入れて「インストール」をクリックします。インストールが開始します。

図1：ロリポップの簡単インストールでWordPressをインストール

2 インストール結果を確認してログインする

インストール結果を確認してログインします(図2)。

❶ インストール完了画面が表示されれば、インストールの成功です。表2の各項目を確認してください。

項目	説明
①サイトURL	WordPressをインストールしたサイトのURL
②管理ページURL	WordPressの管理画面のURL
③利用データベース	作成したデータベース

表2：WordPressのインストール

❷ 「管理者ページURL」にアクセスして、設定したユーザー名とパスワードを入力します。

❸ ログインします。

図2：インストール結果を確認してログイン

COLUMN

WordPressを手動でインストールする

レンタルサーバーを利用する場合は、簡易インストール機能を利用すれば問題ありません。しかし、自社のサーバーでWordPressを使う場合や、レンタルサーバーが簡易インストールに対応していなかったり、データベースの利用に制限があったりする場合は、手動でWordPressをインストールします。

手動でWordPressをインストールする場合は、WordPress Codex日本語版のインストール手順を確認してください。

●WordPressのインストール
URL https://wpdocs.osdn.jp/WordPress_ の↵
インストール

02 WordPressの初期設定を行う

WordPressのインストールができたら、いよいよWordPressのカスタマイズです。その前に管理画面の見方を覚え、初期設定をしましょう。

説明の流れ

1. 管理画面へのログイン
2. 管理画面の構成
3. ツールバー
4. メインナビゲーション
5. サイトタイトル、URLを指定する
6. 表示設定を行う
7. パーマリンク（URLの設定をする）
8. ユーザーを追加する
9. コメントを設定する前に知っておくべきこと
10. コメントを受け付ける場合の設定

1 管理画面へのログイン

WordPressの設定や投稿は、WordPress管理画面から行います。管理画面には、以下のURLから作成したユーザーIDとパスワードでログインします（図1）。

●URL（WordPressをインストールしたディレクトリ）/wp-admin/

図1：管理画面にログインする

> **Memo ログアウト**
>
> 管理画面からログアウトする時は、右上のユーザーアイコンをクリックして表示されるメニューから「ログアウト」をクリックします。

2 管理画面の構成

WordPressの管理画面は図2のようになっています。管理画面の表示内容は、WordPressのバージョンや追加しているプラグインなどによって、若干異なります。

図2：管理画面

3 ツールバー

図3：ツールバー

項目	説明
❶WordPressロゴ	表示されるメニューから、WordPressの情報や、ドキュメント、サポートフォーラムにアクセスできる
❷サイト名	クリックするとサイトを表示する
❸更新情報	WordPress本体やプラグインの更新情報を表示する
❹コメント	コメントの数を表示する
❺＋新規	「投稿」（新規投稿作成）、「メディア」（新規画像、音声、動画ファイルアップロード）、「固定ページ」（新規固定ページ作成）、「ユーザー」（新規ユーザー作成）ができる
❻こんにちは,(ユーザー)さん!	ログインユーザーのプロフィール編集、ログアウトができる
❼表示オプション	表示方法をカスタマイズする
❽ヘルプ	ヘルプを表示する

表1：ツールバー

POINT　サイトを表示している時は

管理者でログインした状態でサイトを表示している時は、サイト名のメニューが「ダッシュボード」「テーマ」「ウィジェット」「メニュー」になります。また「カスタマイズ」メニューが表示され、サイトタイトルなどを編集できます。

POINT　WordPressやプラグインの更新

WordPressやプラグインの更新のお知らせがあった時は、更新内容を確認して、問題なければ更新します（図4）。古いバージョンのWordPressやプラグインはセキュリティホールになることがあるので、こまめにチェックしましょう。
またアップデートする前にバックアップをとるのを忘れないようにしてください。不具合が生じることがあるからです。

図4：更新がある時の表示

4　メインナビゲーション

WordPressの管理画面の左にあるメインナビゲーションを紹介します（図5）。

図5：メインナビゲーション

ダッシュボード

ダッシュボードは、表2のメニューがあります。

項目	説明
ホーム	ダッシュボードを表示する
更新	更新情報を表示する

表2：ダッシュボード

投稿

投稿には、表3のメニューがあります。

項目	説明
投稿一覧	追加した投稿が一覧で表示できる
新規追加	投稿を新規追加する
カテゴリー	投稿を分類するカテゴリーの管理を行う
タグ	投稿のキーワードに付与するタグの管理を行う

表3：投稿

メディア

メディア（図6）には、表4のメニューがあります。

項目	説明
ライブラリ	アップロードしたファイルが表示される
新規追加	新規画像、音声、動画ファイルのアップロードを行う

表4：メディア

図6：ライブラリ（上）、新規追加（下）

固定ページ

固定ページ（図7）には、表5のメニューがあります。

項目	説明
固定ページ一覧	追加した固定ページが一覧で表示できる
新規追加	固定ページを新規追加する

表5：固定ページ

図7：固定ページ一覧（上）、新規追加（下）

コメント

コメントの一覧を表示して、承認、スパム、削除ができます（図8）。

図8：コメント

外観

外観には（図9）、表6のメニューがあります。

項目	説明
テーマ	適用するテーマを管理する
カスタマイズ	画面を見ながら外観を変更できる
ウィジェット	使用中のテーマのサイドバー、フッターにさまざまな部品を追加できる
メニュー	メニューを管理する
ヘッダー	ヘッダー画像を指定する
背景	背景画像を指定する
テーマの編集	使用中のテーマの構成ファイルを編集できる

表6：外観

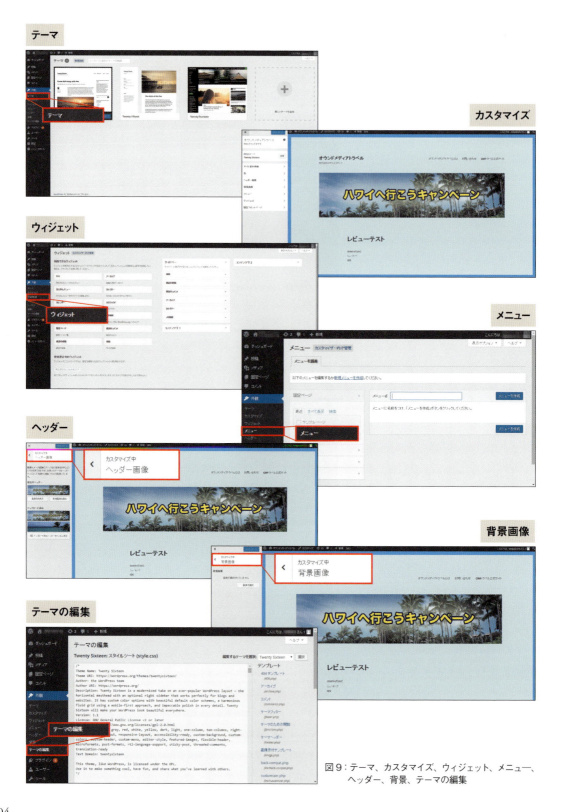

図9：テーマ、カスタマイズ、ウィジェット、メニュー、ヘッダー、背景、テーマの編集

> **注意！ テーマの編集**
>
> 「テーマの編集」からファイルを編集して誤りがあった時に、WordPressの管理画面が表示されなくなるなど、致命的な状態に陥ることがあるため、ここからファイルを編集することはおすすめしません。テーマのファイルを編集する時は、ファイルのバックアップをとり、FTP経由でファイルを取得してテキストエディタで編集することをおすすめします。

プラグイン

プラグインには（図10）、表7のメニューがあります。

項目	説明
インストール済みプラグイン	インストールしたプラグインの管理ができる
新規追加	プラグインを追加する
プラグイン編集	プラグインを構成するphpファイルを編集することができる。基本的にここからファイルを編集するのはやめたほうがよい。プラグインのファイルを編集する時は、ファイルのバックアップをとり、FTP経由でファイルを取得してテキストエディタで編集することをおすすめする

表7：プラグイン

図10：プラグイン

ユーザー

ユーザーには（図11）、表8のメニューがあります。

項目	説明
ユーザー一覧	WordPressのユーザーを表示する
新規追加	WordPressの管理画面にログインできるユーザーを追加する
あなたのプロフィール	ログインユーザーのプロフィールを設定する

表8：ユーザー

図11：ユーザー

ツール

ツールには（図12）、表9のメニューがあります。

表9：ツール

項目	説明
利用可能なツール	WordPressで利用可能なツールが表示される
インポート	外部ソースからデータをインポートできる
エクスポート	WordPressのデータを出力できる。バックアップとして利用できる

図12：利用可能なツール(左)、インポート(上)、エクスポート(下)

設定

設定には（図13）、表10のメニューがあります。

表10：設定

項目	説明
一般	サイトのタイトル、URLなどを編集できる
投稿設定	投稿の基本的な設定ができる
表示設定	フロントページや表示投稿数、RSSの設定、検索エンジンの表示設定ができる
ディスカッション	投稿のコメント設定、他のブログからの通知（ピンバック・トラックバック）設定などができる
メディア	画像サイズの設定ができる
パーマリンク設定	WordPressのURL設定を指定する

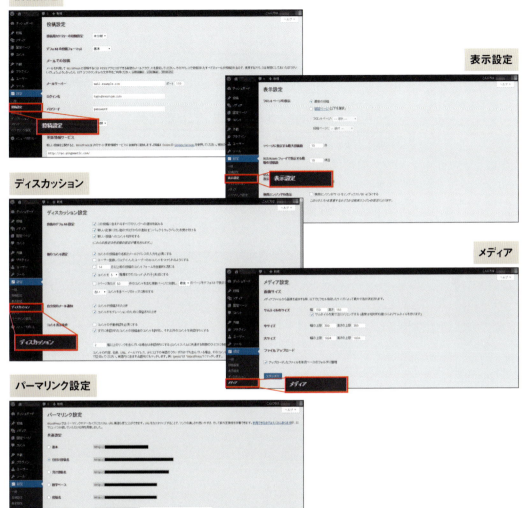

図13：一般、投稿設定、表示設定、ディスカッション、メディア、パーマリンク設定

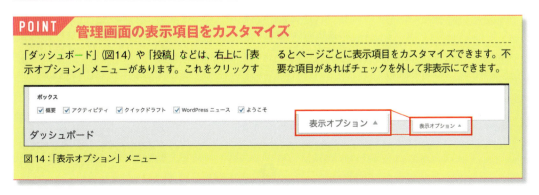

図14：「表示オプション」メニュー

5 サイトタイトル、URL を指定する

オウンドメディアの顔となるサイトタイトル、URL などを指定します（図15）。

❶ メインナビゲーションの「設定」をクリックします。

❷ 「一般」をクリックします。

❸ 「サイトのタイトル」はオウンドメディアのタイトルとなるものです。ブランディング、内容の伝わりやすさ、音の響き、他サイトとの差別化などを考慮して、適したタイトルを設定しましょう。多くのテーマ（WordPress のデザインを決めるテンプレート）は、サイトタイトルをページのトップや Web ブラウザのタイトルバーに表示します。

❹ 「キャッチフレーズ」はサイトの簡単な説明です。使用するテーマによっては、キャッチフレーズが表示されない場合もあります。

❺ 「WordPress アドレス (URL)」は、WordPress をインストールした URL を指定します。すでに設定されていれば特に変更する必要はありません。

❻ 「サイトアドレス (URL)」は、WordPress をインストールした場所以外にサイトのトップページを設定したい時に指定します。レンタルサーバーによっては、WordPress のインストールディレクトリがドメインの直下ではないことがありますので、ここで変更するとよいでしょう。

❼ 「メールアドレス」は、新規ユーザーの通知などが届く管理者のメールアドレスです。

❽ 「メンバーシップ」の「だれでもユーザー登録ができるようにする」にチェックを入れると、管理するサイトに誰でもユーザー登録できるようになります。オウンドメディアの場合は、オフにしておきます。

❾ 「新規ユーザーのデフォルト権限グループ」では、新規ユーザーを追加した時のデフォルトの権限設定を指定します（表11）。

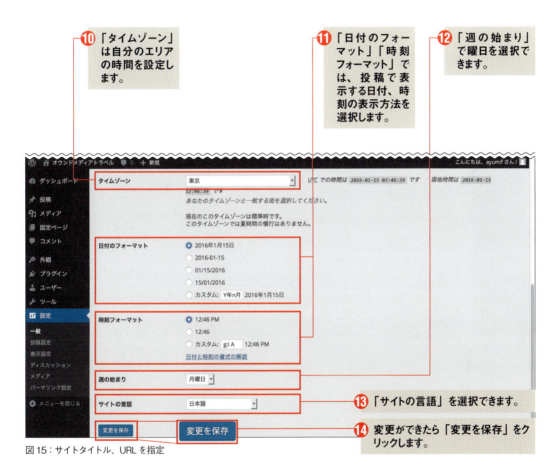

図15：サイトタイトル、URL を指定

項目	説明
購読者	管理画面のダッシュボードにアクセスできる
寄稿者	自分の投稿の編集、削除ができる
投稿者	自分の投稿の編集、削除、公開、ファイルのアップロードができる
編集者	他のユーザーの作成した投稿も含め投稿の編集、削除、公開、ファイルのアップロードができる。また固定ページの編集、削除、公開ができる。非公開の投稿の管理もできる他、カテゴリーの管理、コメントの承認、リンクの管理が可能
管理者	WordPressの管理機能のすべての操作が可能

表11：権限設定

6 表示設定を行う

オウンドメディアでは、フロントページの良し悪しがページの滞在時間や閲覧ページ数を左右します（図16）。

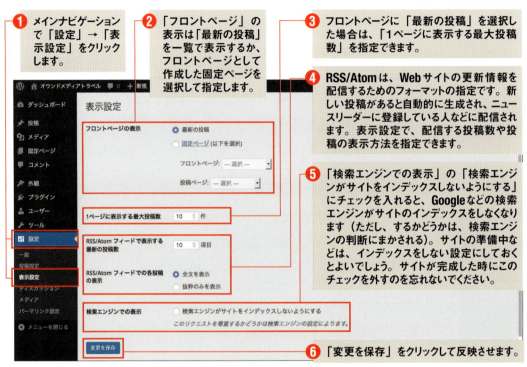

❶ メインナビゲーションで「設定」→「表示設定」をクリックします。

❷ 「フロントページ」の表示は「最新の投稿」を一覧で表示するか、フロントページとして作成した固定ページを選択して指定します。

❸ フロントページに「最新の投稿」を選択した場合は、「1ページに表示する最大投稿数」を指定できます。

❹ **RSS/Atom**は、Webサイトの更新情報を配信するためのフォーマットの指定です。新しい投稿があると自動的に生成され、ニュースリーダーに登録している人などに配信されます。表示設定で、配信する投稿数や投稿の表示方法を指定できます。

❺ 「検索エンジンでの表示」の「検索エンジンがサイトをインデックスしないようにする」にチェックを入れると、Googleなどの検索エンジンがサイトのインデックスをしなくなります（ただし、するかどうかは、検索エンジンの判断にまかされる）。サイトの準備中などは、インデックスをしない設定にしておくとよいでしょう。サイトが完成した時にこのチェックを外すのを忘れないでください。

❻ 「変更を保存」をクリックして反映させます。

図16：表示設定

POINT　ベーシック認証

準備中のサイトを決して他の人から見られたくない場合は、Webサーバーソフトウェア Apache の設定ファイルを使ったベーシック認証を設定できます（図17）。ベーシック認証を設定すると、表示する時に、ユーザー名とパスワードの認証をするようになります（図18）。ユーザー名とパスワードがない人には、「401 Authorization Required」（認証要求）というページを返します。

ベーシック認証は、「.htaccess」というファイルと「.htpasswd」というファイルを使って任意のディレクトリに認証設定を行います。ベーシック認証の設定については、レンタルサーバーによって異なるため、各社の用意するマニュアルなどを確認してください。

図17：表示する時、ユーザー名とパスワードの認証が必要

図18：ベーシック認証を設定（ロリポップの場合）

7 パーマリンク（URLの設定をする）

WordPressでは、新しい投稿をするたびに自動的にリンクURLが付与され、これは基本的に変更しないものです。表12のパーマリンクの形式を指定することができます（図19）。

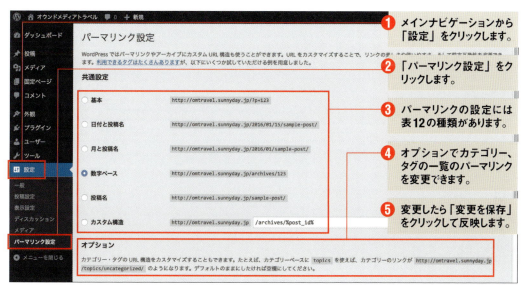

図19：パーマリンク設定

種類	例	説明
基本	http://omtravel.sunnyday.jp/?p=123	投稿にIDを振っていくタイプ
日付と投稿名	http://omtravel.sunnyday.jp/2016/04/20/sample-post/	投稿の公開日と投稿名を表示するタイプ。投稿名が日本語の場合は日本語が入る
月と投稿名	http://omtravel.sunnyday.jp/2016/04/sample-post/	投稿の公開月と投稿名を表示するタイプ。投稿名が日本語の場合は日本語が入る
数字ベース	http://omtravel.sunnyday.jp/archives/123	archives/の後に投稿にIDが振られる
投稿名	http://omtravel.sunnyday.jp/sample-post/	投稿名を表示するタイプ。投稿名が日本語の場合は日本語が入る

表12：パーマリンクの設定

POINT パーマリンクはわかりやすいものにする

パーマリンクはわかりやすく、管理しやすいものを設定しましょう。投稿のタイトルを設定することもできますが、日本語を含むタイトルの場合、ブラウザのアドレスバーではそのまま日本語で表示されますが、リンクをコピーしてシェアした時や他の記事からリンクを貼る時などに日本語文字列が変換されてとても長いURLになってしまいます。文字列が長過ぎるとソーシャルメディアでシェアした時に途中で切れたり改行が入るなどして、リンクが正しく機能しないことがあります。
できれば投稿タイトルをURLにする方法は避けましょう。
なお、「基本」以外のパーマリンク設定を選択した場合、URLを各ページから編集できます。この時英訳したタイトルをURLに設定するといった方法もあります。編集の手間が増えますが、URLから投稿の内容がわかりやすくなります。

カスタム構造では、任意の要素をURLに指定できます（表13）。

カスタム構造	URLの表記を指定できる
%year%	投稿された年を4桁で表示する
%monthnum%	投稿された月を表示する
%day%	投稿された日を表示する
%hour%	投稿された時（時間）を表示する
%minute%	投稿された分を表示する
%second%	投稿された秒を表示する
%post_id%	投稿の固有IDを表示する
%postname%	投稿の投稿名を表示する
%category%	投稿のカテゴリーを表示する。サブカテゴリーは入れ子にされたディレクトリとして表示する
%author%	投稿の作成者を表示する

表13：カスタム構造

8 ユーザーを追加する

ユーザーを追加します（図20）。

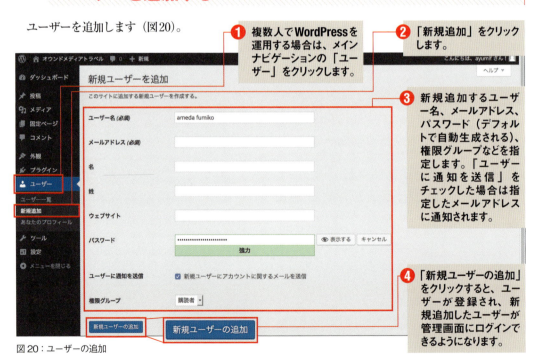

❶ 複数人でWordPressを運用する場合は、メインナビゲーションの「ユーザー」をクリックします。

❷ 「新規追加」をクリックします。

❸ 新規追加するユーザー名、メールアドレス、パスワード（デフォルトで自動生成される）、権限グループなどを指定します。「ユーザーに通知を送信」をチェックした場合は指定したメールアドレスに通知されます。

❹ 「新規ユーザーの追加」をクリックすると、ユーザーが登録され、新規追加したユーザーが管理画面にログインできるようになります。

図20：ユーザーの追加

> **Memo　メールが送信されない場合**
> 何らかの理由でメールが追加した相手に届かない場合は、WordPressからの通知以外の方法で、ID、パスワードを共有してください。

POINT 適切なユーザー権限を選択する

表11の再掲となりますが、追加時にユーザーの権限を設定できるので、役割に応じて権限を変更しましょう（表14）。

ユーザー	権限
購読者	管理画面のダッシュボードにアクセスできる
寄稿者	自分の投稿の編集、削除ができる
投稿者	自分の投稿の編集、削除、公開、ファイルのアップロードができる
編集者	他のユーザーの作成した投稿も含め投稿の編集、削除、公開、ファイルのアップロードができる。また固定ページの編集、削除、公開ができる。非公開の投稿の管理もできる他、カテゴリーの管理、コメントの承認、リンクの管理が可能
管理者	WordPressの管理機能のすべての操作が可能

表14：ユーザー権限を選択

注意！ ユーザーを削除する時

ユーザーを削除する時は、ユーザー一覧からユーザーを選択して「削除」をクリックします。この時、削除するユーザーが作成したコンテンツの削除または別のユーザーへの移行を選択します（図21 ❶❷）。

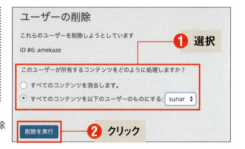

図21：削除するユーザーが作成したコンテンツの削除または別のユーザーへの移行を選択

COLUMN

ユーザーのプロフィール写真の変更

WordPressのユーザープロフィールの画像は、外部サービスであるGravatar (Globally Recognized Avatar)のアバターを使って表示できます。Gravatarに登録したメールアドレスと、WordPressのユーザーアカウントに登録したメールアドレスが一致すると表示されます。写真を設定するには、「ユーザー」（図22 ❶）→「あなたのプロフィール」をクリックして❷、「プロフィール写真」のGravatarをクリックし❸、Gravatarのサイトを表示します。

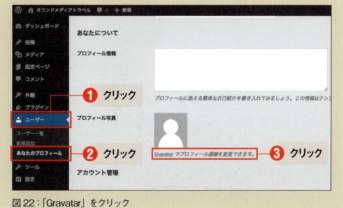

図22：「Gravatar」をクリック

Gravatarのサイトで「Gravatarを作成」をクリックして（図23）、WordPressで使っているメールアドレスでユーザー登録をします（図24）。

図23：「Gravatarを作成」をクリック

図24：ユーザー登録をする

画面にしたがって画像を指定すると、画像のレーティング指定があります。レーティングは映画の年齢指定のようなもので、指定画面に説明があるので確認してください（図25）。G指定になる画像をアップしてください。画像を指定して数分立つとWordPress側にも反映されます。

図25：レーティングを指定

9 コメントを設定する前に知っておくべきこと

投稿のコメント設定は、メインナビゲーションの「設定」→「ディスカッション」で指定します。

オウンドメディアを通して双方向のコミュニケーションをしたい、という場合はコメントを表示してもよいのですが、あまりWordPressのコメントを使ったコメントのやりとりはおすすめできません。

理由はいくつかありますが、最も大きな理由はスパムが多いことです。投稿時に認証を用意する、管理者が「承認」してから公開するなどして、ある程度スパムを排除するための仕組みは用意されていますが、コメントの管理という作業が発生しています。

もう1つの理由が、あまりコメントする人がいないことです。芸能人のブログなどはコメントが活発に投稿されますが、企業のオウンドメディアにはなかなかコメントが付きにくい傾向があります。なかなか本当のコメントが投稿されないのに、スパムばかりが投稿されるという状況が続くと、コメント欄の意義が見失われます。

むしろ、現在であれば、コミュニケーションはソーシャルメディアで行うほうが拡散効果も期待できます。例えば、Facebookページで投稿をシェアして、そこでディスカッションする、Twitterでリンクをシェアしてそこからさらにリツイートなどで拡散してもらうというほうが活発なコミュニケーションにつながります。ユーザーが最も自然なコミュニケーションとして選択する方法は時代とともに変わるので、機能にしばられずに最適なものを採用していきましょう。

10 コメントを受け付ける場合の設定

コメント欄の運用の難しさを理解した上で、コメント欄を運用する場合を解説します（図26）。

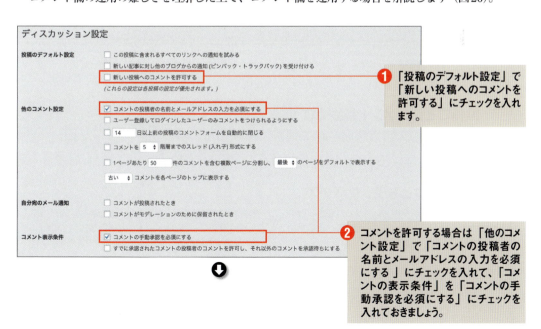

❶「投稿のデフォルト設定」で「新しい投稿へのコメントを許可する」にチェックを入れます。

❷ コメントを許可する場合は「他のコメント設定」で「コメントの投稿者の名前とメールアドレスの入力を必須にする」にチェックを入れて、「コメントの表示条件」を「コメントの手動承認を必須にする」にチェックを入れておきましょう。

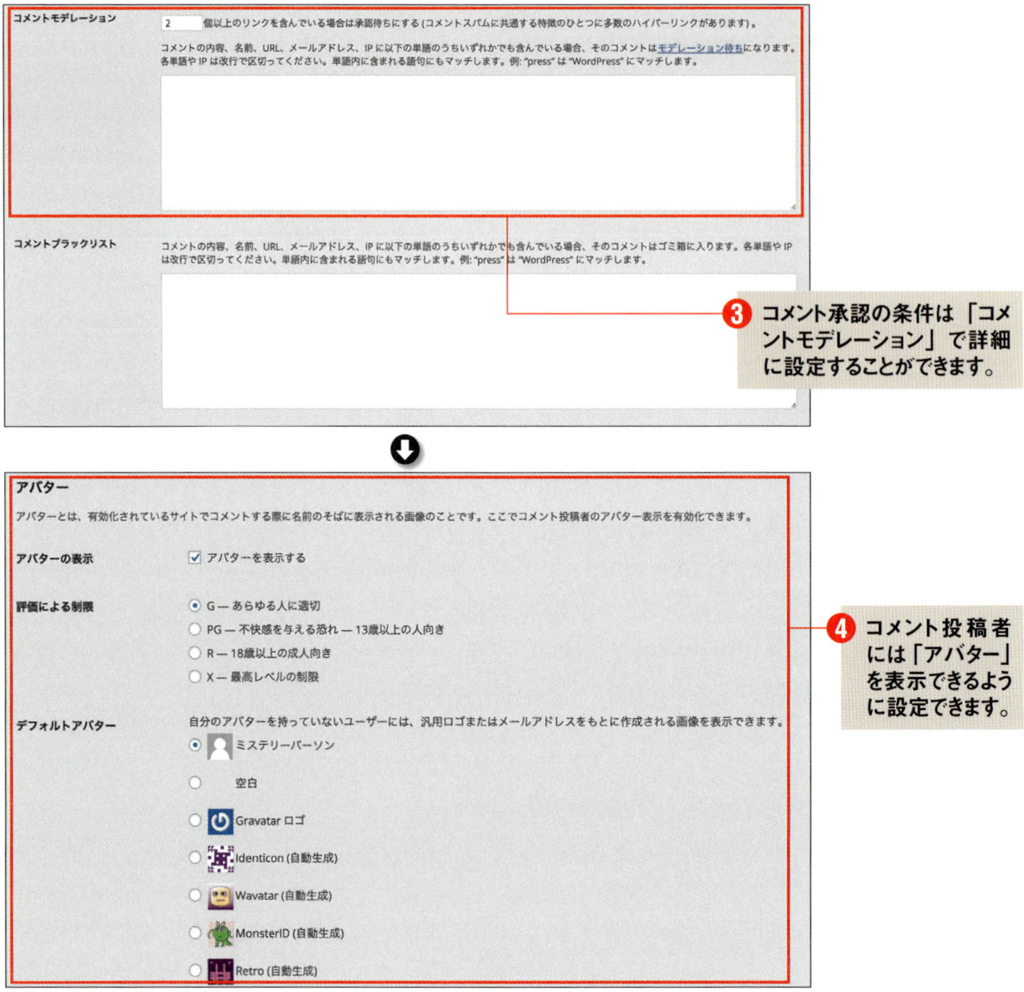

図26：投稿ごとにコメントを設定

❸ コメント承認の条件は「コメントモデレーション」で詳細に設定することができます。

❹ コメント投稿者には「アバター」を表示できるように設定できます。

> **Memo** 投稿ごとにコメント設定ができる
>
> 作成した投稿ごとにコメントの受付の許可の設定ができます。投稿ごとの設定が優先されます。

> **Memo** ピンバックとトラックバック
>
> ピンバック、トラックバックとは、ブログ記事のURLを別の誰かが引用してブログを書いた時に、その引用元のブログに通知される仕組みです。
>
> 意味のある相互リンクを活性化するための仕組みですが、やはりスパム的な使い方をされることもありますし、最近はあまり流行らない仕組みになりつつあります。

03 WordPressのテーマを適用する

WordPressでは、ページ全体のデザインやレイアウトを「テーマ」で管理します。ここでは、テーマの設定や変更方法などについて解説します。

説明の流れ

1 WordPressはテーマでデザインを管理する
2 インストール済みのテーマを確認・有効化する
3 新しいテーマをインストールする

1 WordPressはテーマでデザインを管理する

　WordPressのデザインを決めるテーマには、WordPressをインストールした時にデフォルトでインストールされているテーマをはじめとして、世界中の開発者が作成したさまざまなテーマがあります。

　テーマはWordPressで構築したサイトのデザインやレイアウトを決めます。無料のテーマもありますし、高機能な有料のテーマもあります。

テーマを変更するだけでサイトの雰囲気がガラリと変わるので、いろいろなテーマを試してみるとよいでしょう。

　テーマには、ブログを目的にしたもの、会社ページを目的にしたもの、マガジン（メディア）を目的にしたものなどがあります。デザインの用途や特徴は、テーマの説明に書かれているので、選択の際に参考にするとよいでしょう。

2 インストール済みのテーマを確認・有効化する

　WordPressをインストールした時にデフォルトでインストールされているテーマを試してみましょう（図1）。

図1：テーマの選択

Memo デフォルトでインストールされているテーマ

WordPress4.4では、表1のテーマがデフォルトでインストールされます。
デフォルトでインストールされるテーマは、WordPress開発チームが作成したもので、WordPressの最新機能にあわせて作成されています。
テーマの名前はテーマが公開された年を表しています。本書の画面例では、基本的に「Twenty Sixteen」をベースに制作しています。

テーマ	説明
Twenty Fourteen	おしゃれで現代的なレスポンシブデザインのマガジンスタイル・サイトを作ることができる
Twenty Fifteen	「モバイル・ファースト」のアプローチで開発された、シンプルなブログテーマである
Twenty Sixteen	こちらもモバイル・ファーストで作られており、細部までこだわりのある上品なデザインである

表1：デフォルトでインストールされているテーマ

3 新しいテーマをインストールする

デフォルトでインストールされているテーマ以外を利用する場合は、新しくインストールして利用します。新しいテーマを探すには、WordPressからテーマを探す方法と、外部サイトでテーマを探す方法があります。WordPressからテーマを探してインストールする方法を紹介します（図2）。

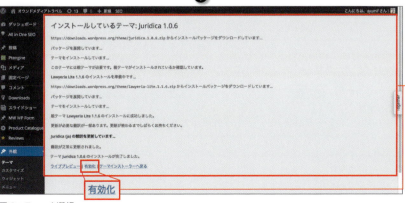

図2：テーマを選択

POINT 外部のサイトからテーマを探す

外部サイトからもWordPressのテーマを探せます。無料で利用できるものも多いのでいろいろ試して選んでみるとよいでしょう。

有料のテーマ（表2）は、サポートがしっかりしているものが多く、困ったことがあれば質問をフォーラムやメールに送ると、24時間以内に回答してくれるところもあります。

有料版を購入する時は、購入前にWordPressのバージョン、デモ、サポート対応、レビューとダウンロード数、最終アップデートなどの情報をしっかりとチェックしておきましょう。国内でも無料のテンプレートを配布している企業・個人などもあります。

探し方	URLなど
WordPress.orgのテーマディレクトリから探す	https://ja.WordPress.org/themes/
高品質な有料のテーマを探す	Envato Market - themeforest(WordPress) http://themeforest.net/category/WordPress
	WordPress Theme TCD http://design-plus1.com/tcd-w/
	isotype http://isotype.blue/

表2：有料版のテンプレート

POINT テーマのzipファイルをアップロードする

外部サイトからダウンロードしたテーマファイルや自分で作成したテーマは、テーマをZIP形式で圧縮したファイルをアップロードして追加します（図3）。

新規追加をクリックした後、「テーマのアップロード」をクリックして、ファイルをアップロードしてください。

図3：圧縮したファイルをアップロード

注意！ サーバーの設定でWordPressからアップロードできない場合

サーバーの設定によってはWordPress経由のアップロードができない場合があります。
その場合は、FTP経由でアップロードします。WordPressをインストールしたフォルダの次の場所に

テーマのフォルダを解凍した状態でアップします。

WordPressをインストールしたフォルダ/wp-content/themes/

04 テーマをカスタマイズする

テーマを適用したら、テーマをカスタマイズしてみましょう。カスタマイズは、管理画面経由でできるので、誰でも簡単に色やヘッダー、背景画像を編集できます。

説明の流れ
1. 色を変更する
2. ヘッダーをカスタマイズする

POINT 適用したテーマによってカスタマイズ方法が異なる

ヘッダーや背景、メニュー、ウィジェットなどはWordPressの機能として用意されていますが、テーマによってはこれらのカスタマイズに独自の管理画面を持っているテーマがあります。特に有料の高機能なテーマの場合はほとんど独自の管理画面を用意しています。以降の説明では、デフォルトで用意されているテーマのTwenty Sixteenを使った方法を紹介します。

1 色を変更する

テーマで共通して利用される背景色やテキストカラーなどをカスタマイズします（図1）。

❶ メインナビゲーションの「外観」→「カスタマイズ」をクリックします。

図1：テーマの色をカスタマイズする

2 ヘッダーをカスタマイズする

　ヘッダーはオウンドメディアのイメージを印象付ける重要な部分です。画像を指定したり、ロゴを指定したりして、個性的なサイトを作りましょう（図2）。

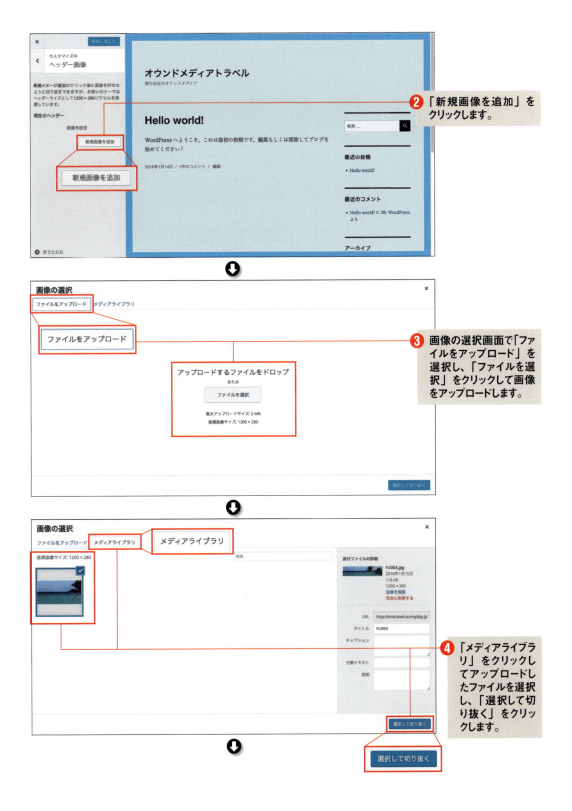

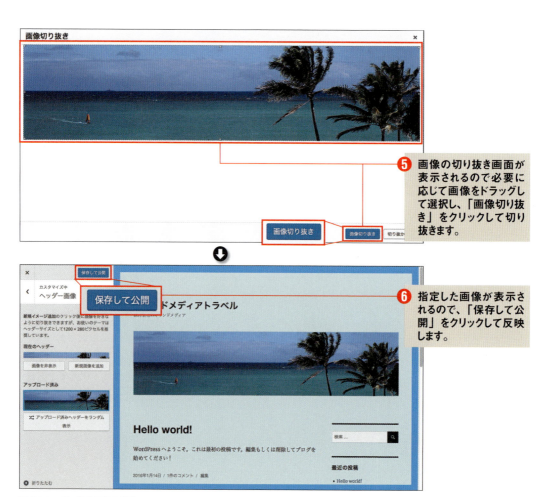

図2：ヘッダーをカスタマイズ

POINT 背景画像を指定するには

WordPressでは、背景画像を指定できます。ヘッダーと同様にメインナビゲーションの「外観」から「背景」を選択し画像を指定します。背景画像は、表示方法として、「背景の繰り返し」「背景の位置」「背景スクロール」などを指定できます（図3）。

図3：背景画像を指定

05 メニューを作成する

投稿や固定ページなどのコンテンツが整ってきたら、メニューを作成します。メニューは、ユーザーが探しているコンテンツを見つけやすくするためのパーツです。どのような項目をメニューに掲載するか検討しましょう。

説明の流れ
1. メニューを設定する

1 メニューを設定する

メニューの作成は、本来固定ページや投稿ページなど基本的な要素がそろってから作成します。本書では先にメニューの作成方法を紹介します（図1）。

❶ メインナビゲーションの「外観」→「メニュー」をクリックします。

❷ 表示されているメニューを編集するか、または「新規メニューを作成」をクリックしメニューを作成します。
「メニュー名」を入力して、「メニューを作成」をクリックします。

❸ メニューは表1の項目から指定できます。「固定ページ」、「投稿」、「カスタムリンク」、「カテゴリー」は、それぞれのタブを開いて、追加する項目にチェックを入れて、「メニューに追加」をクリックします。

項目	説明
固定ページ	作成した固定ページをメニューに追加する
投稿	作成した投稿をメニューに追加する
カスタムリンク	任意のURLをメニューに追加する
カテゴリー	作成したカテゴリーをメニューに追加する

表1：メニュー

❹ 「カスタムリンク」を追加する場合、URLとリンク文字列（メニューに表示される項目名）を指定し、「メニューに追加」をクリックします。

図1：作成したメニューが表示される

❺ 追加したメニューは「メニュー構造」に表示されます。「メニュー構造」はドラッグ&ドロップで表示を入れ替えたり、階層化したりすることもできます。またメニューを開くと「ナビゲーションラベル」（メニューバーでの表示名）を変更できます。削除する時も、メニューを開いて「削除」をクリックします。

❻ 「メニュー設定」で「テーマの位置」を選択します。この選択肢はテーマによって異なります。「固定ページを自動追加」にチェックを入れると、新規の固定ページを作成すると、自動的にメニューに追加されるようになります。

❼ 「メニューを保存」をクリックすると設定内容が反映されます。サイトを表示すると、メニューが追加されています。

Chapter 5 WordPressでオウンドメディアを構築する

06 サイドバーを作成する

サイドバーとコンテンツ下に表示する項目は、ウィジェットから設定します。メニューと同様にどちらもユーザーが探しているコンテンツに導くためのパーツになります。

説明の流れ
1. サイドバーを設定する
2. コンテンツ下を設定する

1 サイドバーを設定する

　サイドバーは、コンテンツの左右に表示されるバーです。テーマによって表示位置が異なります。またサイドバーのないテーマや固定ページと投稿で別に設定できるテーマなどもありさまざまです。

　プラグインの中には、ウィジェットとして追加できる項目を増やせるものもあります（図1）。

❶ メインナビゲーションの「外観」→「ウィジェット」をクリックします。

128

❷ ウィジェット画面が表示されます。

❸ 追加したいウィジェットを選択してドラッグ＆ドロップします。

ウィジェット	説明
検索	検索バーを表示する
最近の投稿	最新の投稿を表示する。投稿数、投稿日の表示・非表示を設定できる
アーカイブ	月ごとに記事をまとめて表示する。「ドロップダウン表示」にすると、ユーザーが選択した時に月を選択できる。投稿数の表示・非表示を設定できる
カテゴリー	投稿に指定したカテゴリーを表示する。「ドロップダウン表示」にすると、ユーザーが選択した時にカテゴリーを選択できる。投稿数の表示・非表示、階層の表示を設定できる
テキスト	任意のテキストやHTMLを書くことができる。例えば、メッセージを表示したい時や、画像を表示したい時、リンク先を指定したい時などに便利なウィジェットである

表1：ウィジェット（一部略）

❹ 追加したいウィジェットをカスタマイズします。カスタマイズの内容は、ウィジェットによって異なりますが、デフォルトのウィジェットのうち、主な設定を表1で説明します。ウィジェットに共通の設定項目は「タイトル」のみで、これはサイドバーでそのウィジェットのタイトルとして表示されます。

06 サイドバーを作成する

図1：サイドバーを設定

❺ 設定できたら「保存」をクリックします。

> **Memo ウィジェットの追加方法と位置**
>
> ウィジェットをクリックして、追加場所を選択し、「ウィジェットを追加」でも追加できます。また追加したウィジェットの表示位置はドラッグ＆ドロップで移動できます（図2）。

図2：ウィジェットの表示位置を変更

> **POINT ウィジェット画面の見方**
>
> ウィジェット画面は左側の「利用できるウィジェット」がサイドバーなどに追加できるパーツです。
> そして右側が利用中のテーマが対応しているサイドバーやフッターです。この中に利用できるウィジェットをドラッグ＆ドロップで追加した後、設定を行えます。
> 下のほうにある「使用停止中のウィジェット」は、一度追加して、設定などを行ったウィジェットを置いておくことができる場所です。削除してしまうと設定が失われてしまうので、また使うかもしれないウィジェットは削除ではなく、「使用停止中のウィジェット」にドラッグ＆ドロップします。

2 コンテンツ下を設定する

「Twenty Sixteen」では投稿や固定ページのコンテンツの下に表示される「コンテンツ下」を設定できます。

コンテンツ下の設定方法もサイドバーと同様です。追加したいウィジェットをドラッグ＆ドロップして追加していきます（図3）。

図3：「保存」をクリック

07 カテゴリーを登録する

WordPressでは、投稿は必ずカテゴリーを登録します。カテゴリーは投稿を分類するもので、カテゴリーを上手に設定すると読者が投稿を探しやすくなります。

説明の流れ
1. カテゴリーについて
2. カテゴリーを登録する

1 カテゴリーについて

　WordPressで投稿を作成すると、必ず1つ以上のカテゴリーを設定しなければなりません。カテゴリーを設定しない場合、初期設定のカテゴリーに登録されます。初期設定のカテゴリーとは、設定メニューの「投稿設定」の「投稿用カテゴリーの初期設定」で指定されたもので（図1）、デフォルトでは「未分類」が指定されています。

　カテゴリーは投稿を作成した時に新規に登録することもできますが、あらかじめ設定しておくとよいでしょう。

　なお、カテゴリーはどんどん追加できるので、思いつくままに作成していると、似たようなカテゴリーが複数できたり、分類される投稿が1つしかないカテゴリーができてしまったりします。読者から見ると非常にわかりにくいですし、コンテンツが整理できていない印象を与えます。

　オウンドメディアの設計として、あらかじめカテゴリーを選定し、登録しておくことがおすすめです。新規にカテゴリーを追加する時は、本当にそのカテゴリーが必要なのか、今後そのカテゴリーに登録するコンテンツは増えていくかをよく吟味して追加するようにしましょう（図1）。

図1：分類されるカテゴリーの初期設定

2 カテゴリーを登録する

カテゴリーを登録します（図2）。

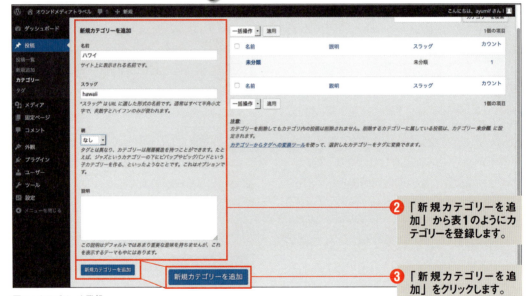

図2：カテゴリーを登録

カテゴリー	説明
名前	サイトに表示されるカテゴリー名
スラッグ	カテゴリーのURLになる部分。日本語の指定もできるが、半角英数字とハイフンで指定する
親	カテゴリーに階層を構造する場合は親カテゴリーを選択する（オプション）
説明	カテゴリーの説明。テーマによってはカテゴリーの説明を表示するものもある（オプション）

表1：カテゴリー

Memo デフォルトは未分類のみ

デフォルトでは未分類のカテゴリーが用意されています（図3）。未分類というカテゴリーは、読者に不親切ですから「編集」をクリックしてカテゴリー名を編集しましょう。

なお、「設定」→「投稿設定」で「投稿用カテゴリーの初期設定」で選択したカテゴリーは削除することができません。

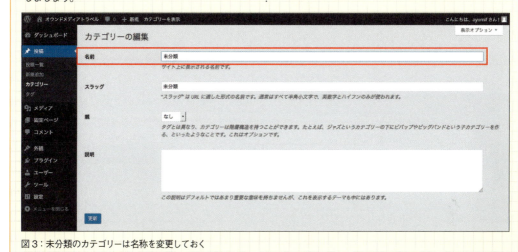

図3：未分類のカテゴリーは名称を変更しておく

POINT カテゴリーを削除すると

カテゴリーを削除すると、そのカテゴリーに追加されていたコンテンツは「投稿用カテゴリーの初期設定」に指定されたカテゴリーに移動します。

08 プラグインを追加する

WordPressでは、プラグインを追加することでさまざまな機能を使えるようになります。プラグインは世界中の人が開発しており、いろいろなプラグインが用意されています。

説明の流れ
1 プラグインとは
2 プラグインを追加する

1 プラグインとは

　WordPressの便利なところはさまざまなプラグインが公開されており、簡単に追加できることです。「こんなことがしたい」と思ったらまずはプラグインを探してみるとよいでしょう。プラグインは、PHPスクリプトで書かれています。

　ただし、プラグインの利用には注意が必要です。プラグインの設定がセキュリティホールになることもあるからです。WordPress公式のプラグインディレクトリに公開されているプラグインは、テストされ安全とされているものになりますので、プラグインを探す時はまずここから探しましょう。

　プラグインを追加する時は、プラグインの説明だけでなく、評価、インストール件数、最終更新、互換性を確認してください。

　プラグインによっては、外部のサイトでのみ公開しているものもありますので、利用する場合はよく調べてからインストールしましょう。プラグインをインストールする場合は、バックアップをとってから実行するようにしてください。

●プラグインディレクトリ
URL https://ja.WordPress.org/plugins/

Memo デフォルトでインストールされているプラグイン

日本語版のWordPress4.4をインストールすると、3つのプラグインがすでにインストールされています（表1）。インストールはされていますが、有効にはなっていないので、必要に応じて有効化してください。インストール済みのプラグインを有効化するには、プラグインの一覧ページで「有効化」をクリックします。レンタルサーバーのWordPressの簡単インストールを実行した場合、デフォルトでインストールされているプラグインが追加されていることがあります。

プラグイン	説明
Akismet	コメントのスパムを判定するプラグイン。Akismetのデータと比べてスパム判定をして、スパム判定されたものは管理画面に表示され、スパムかどうかを確認できる。何もしない場合、スパム判定された投稿は15日後に自動的に削除される
Hello Dolly	管理画面にルイ・アームストロングのHello Dollyという歌の歌詞が表示される。機能的には遊びのようなものである
WP Multibyte Patch	日本語版のWordPressをインストールした場合は、デフォルトでインストールされる。WordPressでの日本語表示の不具合を調整するもの。インストールしたら、すぐに「有効化」しておくこと

表1：3つのプラグイン

2 プラグインを追加する

プラグインのインストールから有効化までは、ほぼ同様です。ここでは最も一般的なプラグインのインストール方法を紹介します。インストールするプラグインは、WordPressのセキュリティ対策用プラグインとしてインストール実績の多い「Wordfence Security」というプラグインです（図1）。

Memo Wordfence Security とは

WordPressのセキュリティ対策のためのプラグインです。主に次のような機能があります。

- ●**WordPress全体をスキャンする**
- ●**既知の攻撃をリアルタイムで防止する**
- ●**悪意のあるIPアドレスと検知されたIPアドレスからのアクセスを防ぐ**
- ●**パスワードのブルートフォースアタック（総当り攻撃）によるログインを防ぐ**

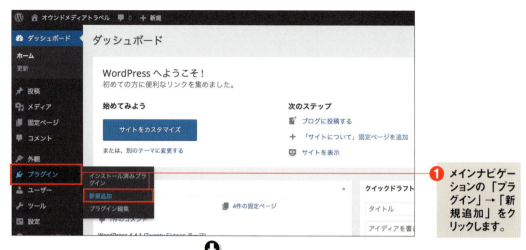

❶ メインナビゲーションの「プラグイン」→「新規追加」をクリックします。

❷ 「プラグインを追加」画面が表示されるので、プラグインの検索で「Wordfence Security」を入力し、[Enter]キーを押します。

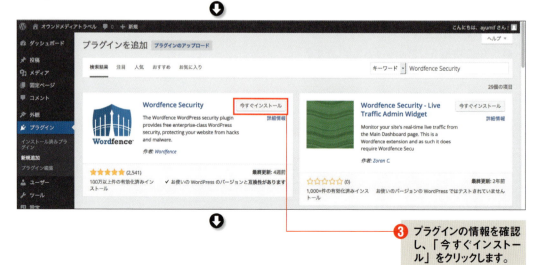

❸ プラグインの情報を確認し、「今すぐインストール」をクリックします。

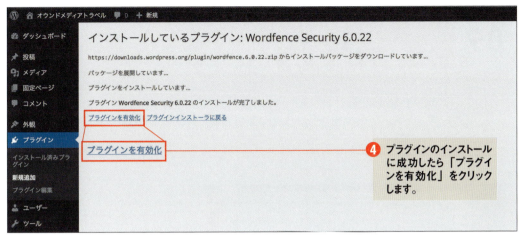

図1:プラグインを追加

　ここまでが、一般的なプラグインのインストール手順です。Wordfence Securityについては、09で設定を紹介します。

> **Memo　FTP／SFTP経由で直接アップロードする**
>
> プラグインのファイルをダウンロードして、直接アップロードすることもできます。その場合は、FTP／SFTPクライアントを使って次のフォルダにダウンロードしたプラグインファイルをアップロードします。ファイルは解凍してアップロードします。
>
> ```
> WordPressをインストールしたフォルダ/
> wp-content/plugins
> ```
>
> ファイルのアップロードが完了すると、プラグイン一覧にプラグインが追加されるので、「有効化」のリンクをクリックして有効化します。

09 セキュリティ対策をする

WordPressは利用しているサイトが多いだけに、攻撃されることも増えています。セキュリティ対策を行い安全に運用するようにしましょう。

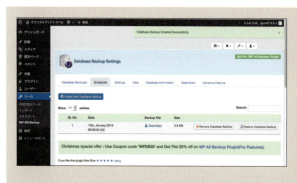

説明の流れ

1. パスワードを管理する
2. WordPressとプラグインを最新状態にする
3. 更新情報を確認する
4. WordPressのバックアップについて
5. データベースをバックアップする
6. プラグイン「Wordfence Security」によるセキュリティ対策
7. スキャンする
8. Wordfence Securityの設定を確認する

1 パスワードを管理する

WordPressの管理画面からの不正ログインされるセキュリティインシデントが発生しています。パスワードは、英数字、大文字、小文字を混ぜたランダムな文字列の複雑なパスワードを設定してください。

また定期的にパスワードを変更してください。パスワードの変更は図1のように行います。

❶ メインナビゲーションの「ユーザー」→「あなたのプロフィール」をクリックします。

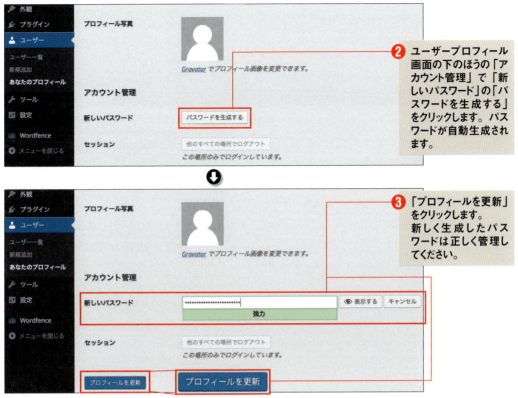

図1：パスワードの管理

> **POINT セッションを切る**
>
> WordPress管理画面経由の作業は基本的に自分のパソコンから行うようにします。
> しかし、何らかの理由で他の人のパソコンを使った場合や、ログインしたことがあるスマートフォンを紛失した場合は、ユーザープロフィール画面の「セッション」の「他のすべての場所でログアウト」をクリックしてください。

2 WordPressとプラグインを最新状態にする

　WordPressやプラグインは、逐次更新されて最新版が配布されています。更新内容には、機能の改善などの他、重要なセキュリティ対策なども含まれていますので、最新版が配信されたら必ず更新してください。

　WordPressは、マイナーアップデートの場合（4.4.1から4.4.2へのなどの小さいアップデートなど）は自動更新を有効にすると、自動的に更新できます。

　ただし、更新の際にエラーが発生することもあるので、不安な場合は手動更新にするとよいでしょう。

　メジャーアップデートの場合（4.4から4.5などの大きいアップデートなど）は、自動更新はできません。メジャーアップデートの場合は、更新内容が大きいためにアップデートするとエラーが発生する可能性が高いため、更新前に必ずバックアップをとってから行いましょう。

3 更新情報を確認する

更新情報を確認します（図2）。

❶ 更新情報を確認するには、メインナビゲーションで「ダッシュボード」→「更新」をクリックします。更新がある場合は、更新する必要のある数が表示されます。

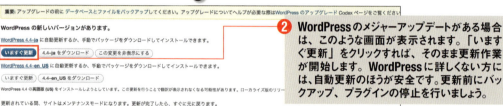

❷ WordPressのメジャーアップデートがある場合は、このような画面が表示されます。「いますぐ更新」をクリックすれば、そのまま更新作業が開始します。WordPressに詳しくない方には、自動更新のほうが安全です。更新前にバックアップ、プラグインの停止を行いましょう。

WordPressの手動更新は慎重に

WordPressのファイルをダウンロードして手動でアップデートする場合は、FTP経由でファイルをアップデートします。手動での更新は、上書きするファイル、削除せずに残しておくべきファイルなどがありますので、WordPressのマニュアルを参照の上、作業してください。

●マニュアル
URL http://wpdocs.osdn.jp/WordPress_のアップグレード

❸ プラグイン、テーマ、翻訳の更新では、更新する対象を選択して「プラグインを更新」（「テーマを更新」「翻訳を更新」）をクリックすれば、更新されます。更新後は不具合がないかチェックしましょう。

図2：更新情報を確認

4 WordPressのバックアップについて

WordPressの構成の説明（100〜107ページ）で、WordPressはWordPress本体やテーマ、プラグインなどのファイルと、MySQLのデータベースで管理される投稿ページが分かれていることを説明しました。バックアップもそれぞれに対して実行する必要があります。

WordPress本体のバックアップについては、FTP経由でWordPressをインストールしたフォルダ全体をダウンロードして、任意の場所に保存します。

5 データベースをバックアップする

MySQLデータベースのバックアップをするには、PHPMyAdminなどのツールを使ってバックアップする方法がありますが、やや複雑です。初心者にも運用しやすい方法として、プラグイン「WP Database Backup」を使ったバックアップ方法を紹介します（図3）。

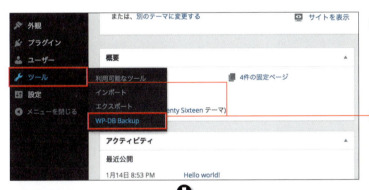

❶ 134〜137ページのプラグインの追加方法を参考に「WP Database Backup」をインストールして、有効化してください。

❷ プラグインを有効化すると、メインナビゲーションで「ツール」→「WP-DB Backup」が表示されるのでクリックします。

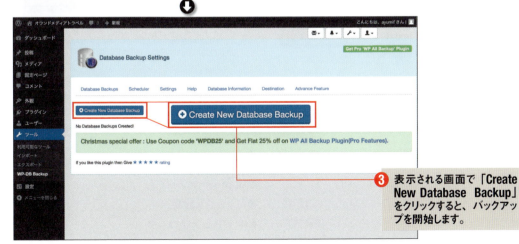

❸ 表示される画面で「Create New Database Backup」をクリックすると、バックアップを開始します。

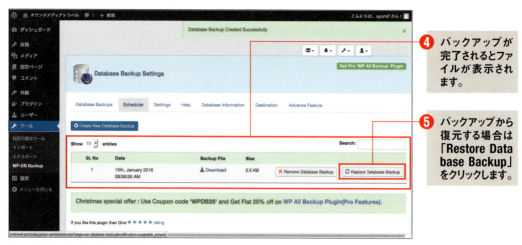

図3：データベースをバックアップ

> **POINT　データベースの自動バックアップを有効にする**
>
> WP Database Backupは自動でバックアップをすることができます。自動バックアップを有効にする場合は、「Scheduler」をクリックして（図4❶）、「Enable Auto Backups」にチェックを入れて❷、その下でバックアップをとる頻度を設定し❸、「Save Settings」をクリックします。自動バックアップをする場合は、バックアップファイルの容量が肥大するので、定期的に古いバックアップデータを削除したり、別のディスクに移動するなどして対応してください。または「Destination」からバックアップ先をFTPサーバー、Dropboxに設定したり、メールで転送するように設定できます。
>
>
>
> 図4：自動バックアップを有効にする

6　プラグイン「Wordfence Security」によるセキュリティ対策

134～137ページで、プラグインのインストール例で紹介したWordfence Securityのプラグインの設定を紹介します。このプラグインは無料版と有料版がありますが、基本的な機能は無料版で十分利用できます。

Wordfence Securityの無料版では、次のような機能を利用できます。

- ●脆弱性検知のスキャン（自動／手動）
- ●現在のトラフィック
- ●キャッシュ設定
- ●IPアドレスブロック
- ●IPアドレスの所有者チェック（Whois）
- ●不正ログイン防止
- ●ファイアウォール機能

7 スキャンする

スキャンを実行します（図5）。

❶ プラグインを有効化すると、メインナビゲーションに「Wordfence」のメニューが追加されます。「Scan」クリックすると、Wordfence Scanの画面が表示されます。

Memo API Keyのエラーが表示される場合

インストールして初めてスキャンすると、フリー版のAPI Keyが自動的に付与されます。もしAPI Keyの取得のエラーが表示されてスキャンができない場合は、再設定が必要です。
メインナビゲーションの「Wordfence」→「Options」をクリックして、「Other Options」の「Delete Wordfence tables and data on deactivation?」にチェックを入れて、「Save Changes」をクリックします。その後、プラグイン一覧から、Wordfence Securityを「停止」し、再度「有効化」します。それから再度「Scan」をクリックすると正常に動作します。この方法で問題が改善されない場合は、開発者に問い合わせてください。

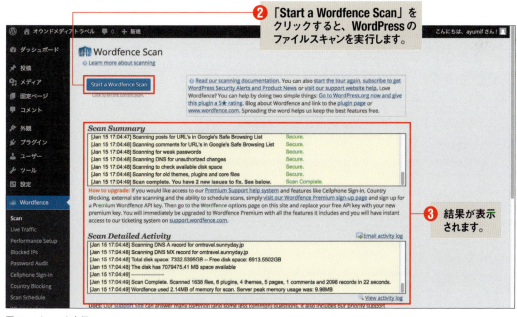

❷ 「Start a Wordfence Scan」をクリックすると、WordPressのファイルスキャンを実行します。

❸ 結果が表示されます。

図5：スキャンを実行

Memo プラグインのツアー

プラグインを有効化すると、「Congratulations!」のナビゲーションが表示されます（図6）。「Enter your email」とあるテキストボックスにメールアドレスを入力して「Get Alerted」をクリックします。アラートなどは、このメールに配信されます。

その下のチェックはメールリストの参加のチェックです。不要な場合はチェックを外してください。この後、「Start Tour」をクリックするとプラグインの説明が始まります。必要に応じて操作方法などを見ておきましょう。

図6：プラグインのツアー

注意！ 警告内容をよく見て対処する

スキャンでは、WordPress のコアファイルとの比較を行いますが（図7）、中には意図的に変更している部分もあります。例えば、日本語版 WordPress をインストールしている場合、「wp-includes/version.php」に、コアファイルの差分として、日本語対応のコードを指摘されますが（図8）、こちらは意図的なものです。問題のないアラートについては、結果の詳細画面の「Resolve」の「Always ignore this file.」をクリックすると、以降表示されなくなります。

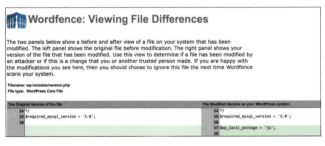

図7：ファイルの比較

図8：日本語対応のコードを指摘

8 Wordfence Security の設定を確認する

Wordfence Securityは、インストールしたらそのままの設定で使ってかまいませんが、設定内容を確認したい場合は、メインナビゲーションの「Wordfence」→「Options」をクリックして設定を見直します。設定を変更したら「Save Changes」をクリックして変更を反映してください。

Wordfence Securityのセキュリティレベル

「Basic Options」の「Security Level」でセキュリティレベルが指定されています（図9）。デフォルトでは「Level2:Medium protection. Suitable for most sites」（レベル2：ほとんどのサイトに適している、中度のセキュリティレベル）が設定されています。通常はこの設定でかまいません。

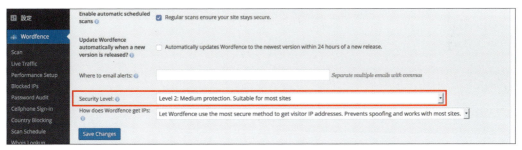

図9：Wordfence Security のセキュリティレベル

アラートの設定

「Basic Options」の「Where to email alerts」で指定したメールへのアラート送信の設定は、「Advanced Options」の「Alerts」で行います（図10）。

ログインセキュリティ

WordPressで多発しているのが、管理画面からのログインを何度も試みるブルートフォースアタックです。この攻撃でログインデータを盗まれることもありますし、何度も行われるとサーバーが不安定になることもあります。そこで、ログインに失敗する回数が上限を超えたら、ブロックするように設定します。

「Advanced Options」の「Login Security Options」でログイン回数やパスワード忘れのトライの回数を制限できます（図11）。デフォルトでは失敗回数が20回、エラーのカウント時間とロックアウトする時間が5分になっています。必要に応じて回数と時間を変更してください。

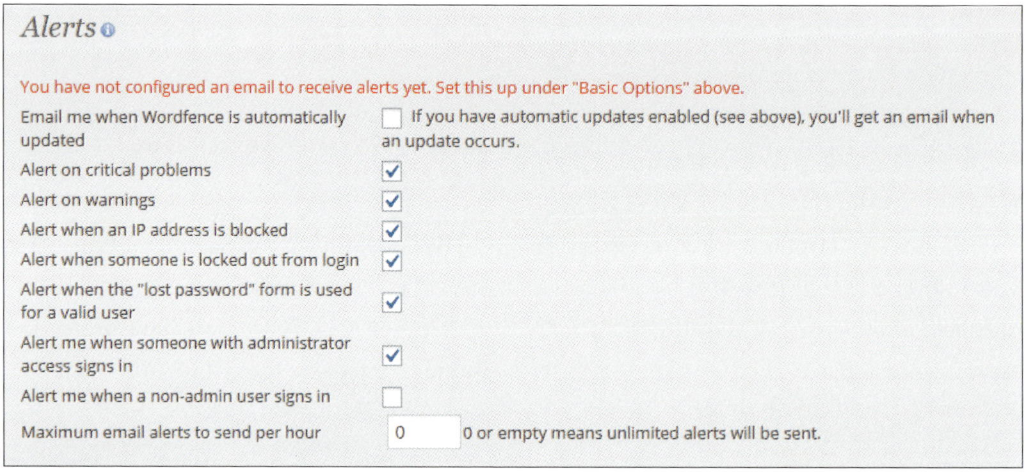

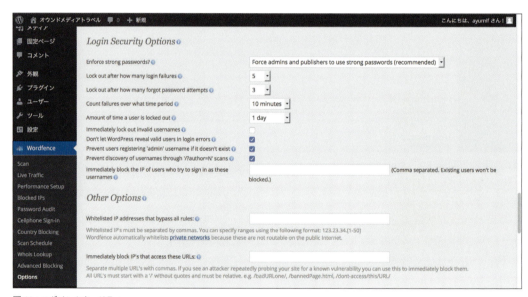

図10：アラートの設定

図11：ログインセキュリティ

Chapter 6

コンテンツ作成の基本を押さえる

WordPress の基本的な設定ができたら、いよいよコンテンツの作成です。ここでは、コンテンツ作成の基本と投稿の作り方、拡散させるための投稿の設定について解説します。

01 コンテンツの作り方

定期的にコンテンツを配信するには、闇雲にコンテンツを作成すればよいわけではありません。重視するキーワードを決めてコンテンツを作成していきます。

オウンドメディアのキーワード設計

オウンドメディアで定期的にコンテンツを配信する場合は、あらかじめ注力するキーワードを選定してコンテンツを用意しておきます。キーワードを選定してそのキーワードに関連するコンテンツを多く用意することで、検索時の表示位置が上位になり、そのトピックに関心の高い人に情報を届けやすくなります。

キーワードの選定方法は、オウンドメディアの目的によって異なります。製品や商品の公式サイトであれば、社名、製品名、商品名での検索表示が重要ですが、認知や啓蒙を目的としたブログなどであれば、その製品、商品にたどり着く手前で、ユーザーが解決したい課題がある時、知りたい情報を探す時にどのようなキーワードを使って検索するかを考えます。ここで想定するユーザーが059〜065ページで解説した「ペルソナ」です。ペルソナはどのようなキーワードでどのような情報を検索するのかを考えて、キーワードの選定を行います。

Googleサジェストからキーワードを考える

キーワード設計にあたって、参考になるGoogleのツールを紹介します。1つは、「Googleサジェスト」です。Googleサジェストは、入力した単語と一緒によく検索されるキーワードをGoogleが候補として知らせてくれる検索の入力補助機能です。

例えば、「お花見」を入力してみると（図1）、検索候補として「英語」「イラスト」「弁当」「由来」「東京」などが表示されます。お花見を検索する人が、候補になっているキーワードも一緒に指定していることがわかります。

図1：「お花見」と入力

自分で思いつくキーワードで検索した時の検索結果、サジェストで検索した時の検索結果を見ながら、どのようなキーワードを中心にコンテンツを展開していくかを考えてみましょう。

Googleキーワードプランナーで検索ボリュームを調べる

キーワードがどれくらい検索をされているかを調べるツールが「Googleキーワードプランナー」です（図2）。Googleキーワードプランナーは無料で利用できますが、Googleの広告ツールであるGoogle AdWordsのアカウント登録が必要です。

図2：Google キーワードプランナー
URL https://adwords.google.co.jp/keywordplanner

> **POINT** Google Adwords は18歳以上が利用できる
>
> Google Adwords は、通常利用しているGoogleのアカウントを Google AdWords に紐付けて登録できます。ただし、Google Adwords のアカウントは、18歳以上であることが要件です。会社で使うGoogle のアカウントを作成した場合Googleアカウントの「誕生日」を会社の設立日などにすることがありますが、設立から18年に満たない場合Adwordsを利用できません。生年月日を変更してください。

キーワードの検索ボリュームを調べる

ここでキーワードのボリュームを調べてみましょう（図3）。

❶ Googleキーワードプランナーで、「検索ボリュームと傾向を取得」をクリックすると、キーワードの検索ボリュームを調べられます。

❷ 調べたいキーワードを入力するか、キーワードリストをCSVファイルでアップロードして「検索ボリュームを取得」をクリックします。ターゲットの設定や検索ボリュームを調べる期間も指定できます。

> **POINT** 競合性について
>
> 競合性は、そのキーワードで広告を出稿している広告主の多さを表します。オウンドメディアのキーワード設計では必ずしも広告の競合性までは意識しなくてもよいですが、広告の競合が多い場合はコンテンツでも競合が多い可能性があります。

❸ 指定した条件にしたがって、結果が表示されます。キーワードを変えながらボリュームを調べて情報としてどのくらい需要があるのかを予測できます。

図3：キーワードの検索ボリュームを調べる

Chapter 6 コンテンツ作成の基本を押さえる

ビッグワードとロングテールとは？

オウンドメディアのキーワードの選定では、Googleキーワードプランナーで検索ボリュームが多いものから選ぶべきか、というと一概にそうとは言い切れません。

例えば「中古車 選び方」では、検索ボリュームは1,900になりますが、「中古車」のみなら100万ボリュームです。このように検索ボリュームが多いキーワードを「ビッグワード」と呼びます。

検索ボリュームが多いということはよいようにも思いますが、実はオウンドメディアで狙うには適していません。というのも、「中古車」というキーワードは検索ボリュームが多い分、中古車専門のメディアなどが上位を占めるので、なかなか上位表示されにくい傾向があります。

また、「中古車」というキーワードだけだと、「中古車店を探している人」「中古車業界に転職したい人」「車を売りたい人」などさまざまな目的を持った人が集まります。オウンドメディアを運用する企業が中古車でも特定の車種の販売に力を入れている場合は、多様な目的の人を集めても途中で離脱されてしまい、最終的な成果（コンバージョン）にはつながりにくくなります。

その一方で「中古車 選び方」の場合は、検索ボリュームは下がりますが、その分ライバルとなるページが減るので、上位に表示される可能性も高くなりますし、「中古車」に比べると、中古車の選び方を調べている人＝中古車の購入を検討している人がサイトを訪れてくれる可能性が高くなります。

また「中古車」というキーワードと車種やメーカーを組み合わせたり、「料金」「名義変更」といった手続きに関するキーワードを組み合わせて検索されていることもあります。検索ボリュームが少ないキーワードは「スモールワード」、複数の組み合わせによるキーワードを「複合キーワード」と呼びます。検索ボリュームが少なくても、いろいろなキーワードと組み合わせたコンテンツをたくさん用意することで、アクセス数は少なくても、興味・関心の深い人を呼び寄せ、結果としてサイト全体のアクセスを上げていくことができます（図4）。

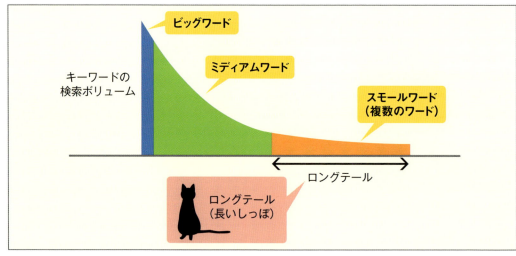

図4：スモールワード、複合キーワードでロングテールを狙う

02 コンテンツ作成の流れ

WordPressで作成する「投稿」1つとっても、企画から公開までにはいくつかのステップがあります。継続的に運用し、価値を最大化するために、手順を理解してオウンドメディアの運用を始めましょう。

企画会議を開いてコンテンツを決める

　女性誌、男性誌、エンターテインメント雑誌など、世間ではさまざまな雑誌が発売されています。どの雑誌もターゲットに合わせて、毎週、毎月特集テーマや注目トピックをかかげています。雑誌では、これから作る号にどのような情報を載せるかを考える「編集会議」が雑誌の面白さを左右する肝になっています。

　これは、オウンドメディアでも同じことです。今月は、どのようなことに重点を置いて、どのようなテーマを紹介していくのかを考える「編集会議」の時間がメディアの品質を左右します。

　編集会議では、参加者それぞれ企画案を持ち寄ったり、アイデアを共有したりします。ネタを切らさず新しいコンテンツを作り続けるためには、次のような情報が参考になります。

- キーワードリスト
- 世の中で流行っている情報
- 季節、国民的行事
- 過去に読まれた記事のデータ分析
- 顧客と接する営業担当者が知る顧客ニーズ

図1：企画案を出すのに参考になる情報

コンテンツを作る前に企画の骨子を作成する

　企画会議でネタが決まったら、すぐコンテンツを作り始めるのではなく、まず企画の骨子を作ることをおすすめします。

　企画の骨子をあらかじめ作って関係者で共有しておけば、コンテンツが完成した後の大幅な修正や「そもそも方向性が違うからボツ」となるような無駄を省くことができます。

　また、制作が進んでから「こんな素材が必要だった」「撮影ができる人が必要だった」とわかると、スケジュールや予算にも影響します。あらかじめ、どのような段取りで作るのかも決めておきましょう。

　骨子として、次ページの表1のような項目を決め、ドキュメントにまとめるとよいでしょう。骨子を考える時は、ターゲットとなるペルソナを意識し、どのような情報ニーズに答えるのか、どのようなシーンでの閲覧を想定するか、コンテンツの接触後の理想的な行動なども見すえて作成しましょう。

　骨子ができたら、実際にコンテンツを作成します。企画、記事骨子の段階で内容が練り込まれていれば、それにそって取材や制作をすればいいので、段取り良く制作が進められます。

項目	説明
企画テーマ	何を主題にするのか。どのような効果があるのか
ターゲット	誰をターゲットに作成するのか
キーワード	どのようなキーワードで検索された時に表示されるか
コンテンツ形式	記事、インタビュー、画像紹介、動画紹介など
内容	コンテンツに含める内容、参考データやサイト
素材	画像、イラスト、動画
人の手配	インタビュー相手、カメラマン、ライター、編集者など

表1：ブログ作成の記事骨子

記事の基本構造を知る

　ブログの構成や書き方のスタイルは自由であるべきですし、そこに個性が生まれます。しかし、何でもよいとかえって書き方に迷ってしまうものです。そこで、基本的な構造を紹介します。最初にテーマや主張を書き、続いて伝えたいことの論拠や詳細、具体例を書き、最後に再度テーマと主張を書く型です。

- ●結論：一番主張したいテーマを書く
- ●説明：主張の根拠となる説明
- ●具体例：身近でイメージしやすい具体例を入れる
- ●まとめ：もう一度最後に結論を説明

クリックしたくなるタイトルの付け方とは

　Webコンテンツでは、1つ1つの投稿のタイトルがアクセスに影響します。もちろんタイトルが重要なのはWebコンテンツに限った話ではなく、書籍、雑誌などでも同じですが、Webコンテンツは検索結果に表示された時や、ソーシャルメディアでシェアされた時に、ユーザーはタイトルでクリックするかどうかを判断します。次からタイトル設定のコツを紹介します。

タイトル、見出しにキーワードを含める

　ブログ記事のタイトル、記事内の見出しは、読者にどのような記事が書いてあるかを伝えるための重要な情報であるだけでなく、検索エンジンが内容を評価するのにも使われます。

　WordPressを使って記事を作成する場合、多くのテーマで記事のタイトルは<h1>というHTMLのタグが自動的に付けられます。

　<h1>タグはそのページに何が書かれているかを示すものなので、その記事で扱っているテーマのキーワードが含まれるようにタイトルを作成します。<h1>タグは、基本的に1ページに1回のみ利用します。

　記事の中には、文章をわかりやすくする見出しを設定します。見出しには、<h1>の次に重要な<h2>、以下<h3>、<h4>、<h5>と続く階層構造になっています。<h2>以下のタグによる見出しはページ内で複数回利用できます。

　ただし1つの記事に階層が深いタイトルを付けると、記事構成がわかりにくくなるので、2,000～4,000文字程度の分量のブログ記事であれば<h2>のみでまとめ、どうしても必要な時に

<h3>を付けるのがおすすめです。

　<h2>タグにもキーワードを含めるとSEOの観点からは有利ですが、SEOを意識し過ぎてタイトルとしてのわかりやすさが損なわれてしまうと本末転倒です。<h2>タグにもできればキーワードを含める、というくらいの気持ちで見出しを付けていきましょう。

タイトルに数字を入れる

　数字がタイトルに入っていると、効果がわかりやすいので、クリックされやすくなります。もちろん、数字はただ付ければいいわけではなく、きちんとその数字を本文中で実証する必要があります。

　他にも、「3つのコツ」「5つの理由」「8つのチェックポイント」など、数字を取り入れると、要点がよくまとまっていると期待されるため、ブログのタイトルではよく利用されています。コンテンツの企画時に、あれも言いたい、これも言いたいとなる時は、数字を先に用意して言いたいことを取捨選択し、最も伝えたいことに絞るとことが伝わりやすくなります。

　一方で数が多過ぎると、参考資料としてはよいかもしれないですが、読み物としての期待感は下がってしまうので、目的に合わせて使い分けましょう。

- ●「2016年版、お手本にしたWordPress100サイト」
- ●「コンバージョンを30%アップする入力フォーム」
- ●「5歳若く見えるスカーフの選び方」
- ●「30分早起きして、寿命を1年延ばす」

インパクトのあるキーワードを入れる

　タイトルに興味を惹かれるようなキーワードを入れるとクリックされる可能性がアップします。例えば、流行語を入れる、旬の人の名前を入れると、興味を持たれやすくなります。

　「死ぬまでに訪れたい」「人気過ぎて生産中止！」「絶対泣ける映画」など気になる枕詞を付ける方法などがあります。

　ただし、内容がともなわないのにタイトルだけ盛り上げ過ぎると期待してクリックした読者をがっかりさせ、信用を失うこともあります。内容に則したタイトルを付けて、タイトル負けしないようにしてください。

明確な効果を訴求する

　記事を読んで学ぶことで得られる効果をタイトルに含めます。「2週間でマスターできるPHP」「会話が10分続く基本の相槌」「温野菜で風邪知らずの体を作る」「傷の付いた革素材を復活させる」など、読んだ後の効果が明示的なものは読む動機付けになります。

伝わりやすい文章を書くには

オウンドメディアで配信するコンテンツは学術論文とは違います。難解な文章、専門用語だらけの文章は、なかなか最後まで読んでもらえません。わかりやすい文章を書くためのコツを紹介しましょう。

自分の知識を分解する

オウンドメディアでコンテンツを発信するには、専門家としての知識やノウハウ、経験があることが大前提です。しかし、コンテンツで知識をひけらかすこととは違います。何度読んでも、人に伝わらない文章では読者はついてきません。

本当に物事を明確に理解している人は、誰が読んでもわかるように、明快でシンプルに伝えることができます。難解になってしまうという人は、その対象について分析し、本来伝えるべきポイントを整理して文章を書いてみましょう。

自分ではわかりやすく書けたつもりでも、一般の人には何を言っているのかわからないということもあります。一度書いたものをその分野の専門家ではない人に読んでもらって、内容がわかるか確かめてください。

ターゲットに合わせた用語を使うには

専門的な業界にいると、専門用語に慣れ過ぎてしまいます。その世界では常識でも一歩業界を出ると意味不明な言葉になってしまいます。だからといってなんでもかんでも言い換えればいいというものでもありません。

059～065ページでは、ペルソナを設計しましたが、そのペルソナはどの程度の用語まで知っているのか、どこから知らないのかを考えてみましょう。そのペルソナに例えば店頭で話をする時、どのように説明するか、どのような反応をするのかを想像しながら、文章を書いていきましょう。

画像を効果的に活用する

Web上のコンテンツは、文字だけでなくコンテンツ内の画像も印象を左右します。コンテンツの内容を補足するようなイメージ画像は理解を深めますし、記憶にも残ります。

理想は、コンテンツに関連する写真をオリジナルで撮影することですが、魅力的な写真を撮るには、テクニックに加え、モデルなどの被写体、カメラなどの機材が必要になります。自分で撮影するのが難しい場合は、フリー素材、有料素材を購入して利用するのがおすすめです。

なお、画像はただ挿入するだけだと、検索エンジンは、その画像が何を示しているのか判断してくれません。そこで、画像にはAltタグを設定してどのような内容の画像なのかを説明します。

WordPressでは、画像を指定する時に「代替テキスト」を追加でき、それがAltとして指定されます。

●画像のタグのフォーマット

```
<img src="画像のURL" alt="ここに画像の
説明を入れる" width="画像の幅" height=
"画像の高さ" />
```

Altタグには画像を端的に示す説明を入れましょう。ここでもできるだけキーワードを意識するといいでしょう。

Googleには画像検索という検索方法があります。キーワードを指定して画像を検索した時に、わかりやすい図や写真が表示されると、画像経由でサイトに訪れてくれることもあります。

計画的なコンテンツ配信

企画を思いついたまま制作していくと、1ヶ月後くらいに書くことがなくなったり、大事な販売時期に関連コンテンツをアップできなかったりということに陥りがちです。

そこで、オウンドメディアを継続的に更新するのに欠かせないのが、コンテンツ作成計画です。中長期的な計画（四半期、1年単位）、短期的な計画（1ヶ月、1週間）の2つを立てて、運用をするのが理想です。

中長期的な計画では、季節感、業界独自のイベント、年中行事、国民的なイベント（オリンピックやワールドカップなど）といった予測可能な将来の出来事をあらかじめ見すえておきます。そしてその出来事に合わせてコンテンツを公開するには、いつ頃から準備が必要かといった大きな流れを把握しておきます。

一方で短期的な計画では、企画から制作、公開までのスケジュールを立てて、誰がいつまでに何をやるのかを落とし込みます。

コンテンツカレンダーのフォーマットでは、次のような要素を取り入れるとよいでしょう。

- ●年月日曜日
- ●祝祭日
- ●自社のプレスリリースやイベント
- ●世間の話題（オリンピックなど）
- ●画像の作成依頼の有無
- ●関係部署
- ●ソーシャルメディアの投稿内容
- ●備考

COLUMN
Q&Aサイトにユーザーの課題がある

Q&Aサイトでは、ユーザーの質問や悩みに対して誰かが回答をしてくれます。Q&Aサイトは、ユーザーの悩みやニーズを知るためのヒントがあります。
ユーザーがどういう疑問を持っているかがわかるだけでなく、回答内容を見ることで一般の人の知識レベルや誤解を知ることもできます。

最もよい回答として選ばれているものは、精度が高いものも多いですが、それ以外の回答では間違っていたり、誤解を招くような説明をしていたりするものも多くあります。この間違いや誤解もコンテンツ企画の大きなヒントになるでしょう。

03 新規投稿の作成方法

WordPressで「新規投稿」を作成する手順について紹介します。投稿は、ブログ、ニュース、プレスリリースなど、頻繁に更新するコンテンツを配信するためのものです。

説明の流れ
1. 投稿と固定ページについて
2. 投稿を作成する
3. 記事の公開ステータスについて
4. 投稿内に画像を追加する
5. アイキャッチ画像を設定する
6. 投稿の一覧とクイック編集
7. 投稿を完全に削除する

1 投稿と固定ページについて

　WordPressでは、記事のタイプとして「投稿」と「固定ページ」の2種類があります（図1）。

　ブログ、ニュース、プレスリリースなど、時系列で整理され、頻繁に更新して新しいコンテンツを追加していくものは「投稿」で作成します。投稿では、新しい記事は上に表示されていきます。

　一方、固定ページはオウンドメディアの概要ページ、会社情報、お問い合わせなど、一度作成したら更新が少ないページを作成するのに向いています。固定ページは、投稿ページのように新しいコンテンツが自動的に表示されないので、メニューやサイドバーからコンテンツに誘導できるように設計します。

　ここでは、投稿ページの作成方法を紹介します。

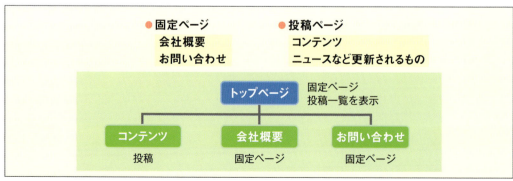

図1：固定ページと投稿ページの使い分け例

2 投稿を作成する

コンテンツを継続的に追加していく、ブログ、お知らせ、ニュース、プレスリリースなどは投稿で作成します。投稿は管理画面から作成できます。

ここでは、新規に投稿を作成して、カテゴリーとタグを設定し、公開するまでの手順を紹介します（図2）。

❶ メインナビゲーションの「投稿」→「新規追加」をクリックします。

❷ 「新規投稿を追加」が表示されます。タイトル、本文を入力します。

POINT　2種類のエディタ

WordPressには、「テキスト」と「ビジュアル」という2種類のエディタが用意されています。テキストは、htmlタグが入力できるエディタです。

「ビジュアル」は、文字装飾などをボタン1つで配置できるWYSIWYGに対応しています。まったくHTMLの知識がない場合は、ビジュアルでの作成がおすすめですが、見出しタグ（h2, h3…）、テーブルタグ（<table><tr><td>）、画像タグ（<img>）、リンクタグ（<a href>）など基本的なタグがわかっている場合は、テキストエディタで作成したほうが、細かい設定ができます。

❸ 右サイドバーで「カテゴリー」「タグ」を設定します。
カテゴリーを新規追加する場合は「＋新規カテゴリーを追加」をクリックして、追加することもできます（カテゴリーについては131～133ページを参照）。
タグを入力して「追加」をクリックすると新規に追加されます。

POINT　タグとは

カテゴリーは、投稿をグループに分類するもので、階層構造を作ることができます。一方でタグは、投稿に割り当てられるキーワードで、階層構造はありません。同じタグを付けられた投稿はタグのアーカイブページで一覧表示できます。カテゴリーの設定では、最初にコンテンツ計画を立てて、カテゴリーを登録することをおすすめしましたが、タグはコンテンツの中で重要なキーワードを投稿作成時に随時、付けてもよいでしょう。

❹ 右サイドバーの「公開」をクリックすると、記事が公開されます。

❺ 記事を公開すると、上部に「記事を公開しました。投稿を表示」というメッセージが表示されます。

❻ 「投稿を表示」をクリックします。

図2：投稿を表示

> **Memo** **Hello World**
>
> WordPressをインストールすると、「Hello World」という投稿があらかじめ1つだけ登録されています。この投稿は、WordPressインストール後の表示確認用のテスト投稿のようなものです。削除してかまいません。

3 記事の公開ステータスについて

WordPressでは、投稿ステータスとして「公開」「予約投稿」「非公開」「下書き」「保留」というステータスがあります（図3、設定によってステータスは変わる）。

「公開」は、文字通り公開したコンテンツなので、そのコンテンツのURLにアクセスした人全員が閲覧できる状態です（図4）。なお「この投稿を先頭に固定表示」にチェックを入れると、他に新しい投稿が追加されても、投稿一覧のトップに固定されます。

「予約投稿」は公開日時を指定して「公開」にした状態です。サイトからは、管理者であっても公開日まで見られません。管理画面経由で、投稿一覧から投稿の表示をクリックすれば内容を確認できます。

「非公開」は、管理権限のあるユーザーのみサイトからも閲覧できる状態です。一般のユーザー

図3：ステータスの選択

図4：公開

には表示されません。

「下書き」は、下書きとして保存された状態です。

「保留」は、投稿のステータスを「レビュー待ち」にして保存した状態です。109ページで説明したユーザー権限で「寄稿者」として追加したユーザーは、投稿の公開権限がないので「レビュー待ち」という状態で保存することになります。レビュー待ちの投稿は、編集者以上の権限を持っているユーザーが、確認して「公開」することで、公開になります。

「パスワードで保護」は投稿の閲覧にパスワードを要求するものです。一般のユーザーがアクセスすると、タイトルのみ表示されており、クリックするとパスワードを求められます（図5）。限定コンテンツなどで利用できます。

図5：パスワードの要求

> **Memo 投稿は更新できる**
>
> 投稿を公開、非公開、予約投稿に設定した後でも、投稿を編集できます。編集したら「更新」をクリックして変更を反映します。

4 投稿内に画像を追加する

WordPressでは、画像、動画、音声ファイルなどは「メディア」として扱われます。投稿を作成する時に、アップロードしてコンテンツに挿入できます。

WordPressでは、アップロードしたメディアは「メディアライブラリ」で管理されます。メディアライブラリから、アップロードしたコンテンツの編集、削除などが行えます。

次から、画像ファイルをアップロードする方法を紹介します（図6）。

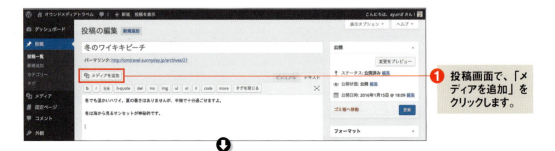

❶ 投稿画面で、「メディアを追加」をクリックします。

❷ メディアを挿入画面が表示されるので、追加するファイルをドラッグ&ドロップ、または「ファイルを選択」をクリックしてアップロードします。

❸ ファイルがアップロードされるので、画像の設定をします（表1）。「投稿に挿入」をクリックします。

項目	説明
タイトル	画像のタイトル。アップロードしたファイルのファイル名が設定されているので、必要に応じて変更する
キャプション	画像の下に表示されるキャプション
代替テキスト	画像にカーソルを合わせた時に表示される代替テキスト（altタグ）
説明	画像の説明。管理用なので、一般のユーザーには表示されない
添付ファイルの表示設定	画像の位置を指定できる
配置	画像の位置を指定できる
リンク先	画像をクリックした時のリンク先を指定できる
サイズ	画像の表示サイズを指定できる

表1：画像の設定

図6：投稿内に画像を追加

> **Memo 画像の表示サイズのサムネイル、中サイズ、大サイズ**
>
> 画像の表示サイズのサムネイル、中サイズ、大サイズは、メインナビゲーションの「設定」→「メディア」で設定できます（図7）。ブログなどで、画像のサイズを統一したい場合は、ここでサイズを指定しておくと便利です。

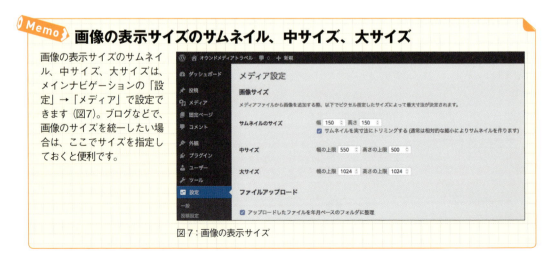

図7：画像の表示サイズ

5 アイキャッチ画像を設定する

アイキャッチはその投稿のサムネイルとして表示される画像です。テーマによってアイキャッチ画像の表示方法は異なりますが、Twenty Sixteenの場合は投稿を開いた時に投稿のトップに表示されます（図8）。

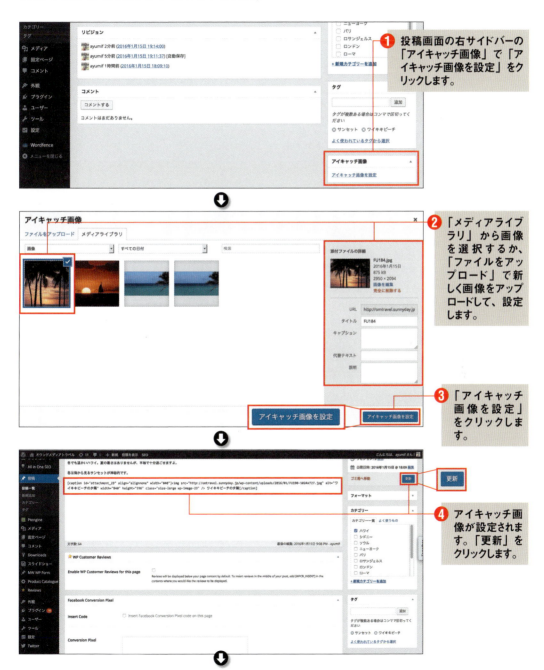

図8：アイキャッチ画像を設定

POINT　画像の編集

WordPressから画像のトリミング、回転、サイズなどを編集することができます。

メインナビゲーションから「メディア」→「ライブラリ」で画像を一覧表示し、編集する画像を選択します。「画像を編集」をクリックすると（図9）、画像の編集ができるようになるので、編集し（図10❶）、「保存」をクリックします❷。

画像の編集機能としては反転やサイズ変更など簡易的なものです。画像の編集はアップロードする前に、ローカルのパソコン上で画像編集ソフトを使って加工することをおすすめします。

図9：「画像を編集」をクリック

図10：画像を編集して、「保存」をクリック

6 投稿の一覧とクイック編集

作成した投稿は一覧画面に表示され、そこから編集画面を表示したり、クイック編集ができたりします。クイック編集では、投稿の公開設定やカテゴリー、タグの設定などができます（図11）。

❶ メインナビゲーションの「投稿」→「投稿一覧」をクリックします。

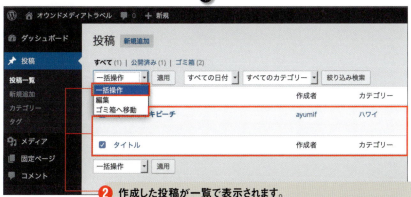

❷ 作成した投稿が一覧で表示されます。
一覧画面では一括操作ができます。一括操作の対象の投稿にチェックを入れて、「編集」を選択して「適用」をクリックすると、複数投稿を同時にクイック編集ができます。「ゴミ箱へ移動」を選択して「適用」をクリックすると、投稿をゴミ箱に移動します。

❸ 投稿の下に表示される「クイック編集」をクリックします。

図11：投稿の一覧とクイック編集

7 投稿を完全に削除する

作成した投稿を完全に削除するには、一度ゴミ箱に入れてから削除します（図12）。完全に削除した投稿は復元できません。

図12：投稿を完全に削除

04 固定ページを作成する

WordPressで固定ページを作成する手順について紹介します。固定ページは時系列で表示される投稿とは異なり、会社概要やお問い合わせページなど、情報の追加や更新が少ないページを作成するのに適しています。

説明の流れ

1. 固定ページの特性を理解する
2. 固定ページを作成する
3. 固定ページをフロントページに設定する

1 固定ページの特性を理解する

　ブログ、ニュースなど、時系列で更新される情報を作成するのに向いている「投稿」では、新規投稿はページのトップに情報が追加されていきます。一方の固定ページは、WordPressの時系列表示には含まれず、投稿とは別の独立したページとして作成できます。

　固定ページで作成できるコンテンツに制限はありませんが、一般的に固定ページで作成するページとして次のようなページの作成に適しています。

- ●会社概要
- ●ブログについて
- ●お問い合わせ
- ●個人情報の取り扱い
- ●実績
- ●特設ページ
- ●ランディングページ

　固定ページは、サイト上に自動的に表示されないので、メニューやサイドバー、フッターなどでリンクを掲載し誘導します。固定ページは、投稿ページのように「カテゴリー」で分類することができませんが、階層構造で管理することができます（図1）。固定ページには、タグの割り当てもできません。

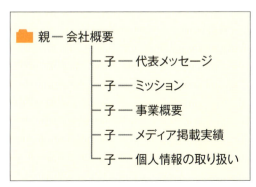

図1：階層構造の例

> **Memo** 固定ページもデータベースに登録される
>
> 固定ページも、投稿ページと同様に、データベースで管理されており、WordPressのテーマファイルと組み合わせて動的に生成されています。

2 固定ページを作成する

固定ページは管理画面から作成できます。ここでは、新規に投稿を固定ページとして追加し、パーマリンクを編集します（図2）。

❶ メインナビゲーションの「固定ページ」→「新規追加」をクリックします。

❷ 新規固定ページを追加画面が表示されます。
タイトル、本文を入力します。この操作は投稿ページと同様です。

❸ 右サイドバーの「公開」をクリックすると、記事が公開されます。

❹ 記事を公開すると、上部に「ページを公開しました。ページを表示」というメッセージが表示されます。「ページを表示」をクリックすると表示を確認できます。

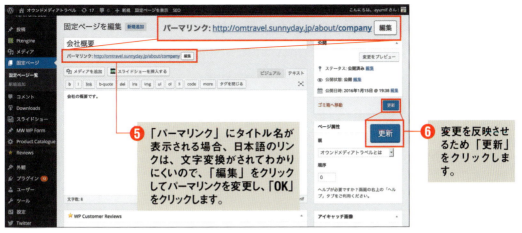

図2：固定ページを作成

> **Memo** 編集できない場合は「パーマリンク設定」を確認
>
> メインナビゲーションの「設定」→「パーマリンク設定」で、パーマリンクの設定が「基本」になっている場合、編集ができません。変更する場合は、他の構造を選択してください（111ページ参照）。

POINT　階層化するには

固定ページを階層化するには、右サイドバーの「ページ属性」で設定します（図3）。親になる固定ページを先に作成し、「親」でそのページを指定します。
階層化したページは、通常アルファベット順に並び替えられますが、「順序」で数字を指定すると、数字の小さいページから順番に並び替えられます。

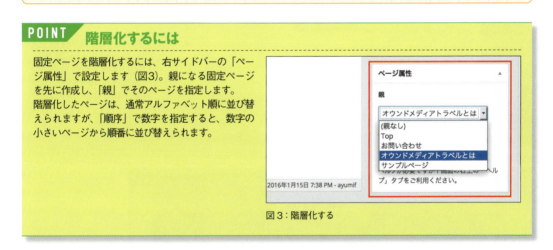

図3：階層化する

3 固定ページをフロントページに設定する

　WordPressでは、通常サイトのトップにアクセスした時に表示されるフロントページは、更新日時の新しい投稿が一覧で表示されますが、フロントページを固定ページで作成したり、任意の投稿ページに指定できたりします。本書では、トップという固定ページを作成し、フロントページに指定する方法を紹介します。

　まずは前述した手順で、固定ページでトップページを作成します（図4）。

Chapter 6 コンテンツ作成の基本を押さえる

❶ メインナビゲーションの「設定」→「表示設定」をクリックします。

❷ 「フロントページの表示」で「固定ページ」を選択し、「フロントページ」に作成した固定ページを指定し、「変更を保存」をクリックします。

図4：固定ページをフロントページに設定

❸ 作成した固定ページがトップに表示されるようになります。

05 SEO対策のための プラグインを利用する

ここでは、作成したコンテンツが検索エンジンで表示されやすくするためのSEO対策のためのプラグイン「All in One SEO Pack」の利用方法を紹介します。

説明の流れ

1. プラグイン「All in One SEO Pack」を使う
2. SEOの基本的な設定を行う
3. XMLサイトマップを設定する
4. ソーシャルメディアを設定する
5. 投稿で「All in One SEO」の設定を行う

1 プラグイン「All in One SEO Pack」を使う

　プラグイン「All in One SEO Pack」は、Googleなどの検索エンジン最適化をサポートするツールです（図1）。有料版もありますが、無料版で基本的なSEO対策は十分可能です。134～137ページのプラグインのインストール方法を参考にして、「All in One SEO Pack」をインストール、有効化してください。

　ここでは、このプラグインを使って、SEOの基本的な設定とソーシャルメディアのOGP設定の基本、XMLサイトマップの設定について説明します。

図1：All in One SEO Pack

2 SEOの基本的な設定を行う

「All in One SEO Pack」の基本設定について紹介します。「All in One SEO Pack」のすべての設定を解説するのはページの都合上難しいため、必ず設定しておきたい部分のみ紹介します。その他の設定項目は、通常デフォルトのままで利用して問題ありません（図2）。

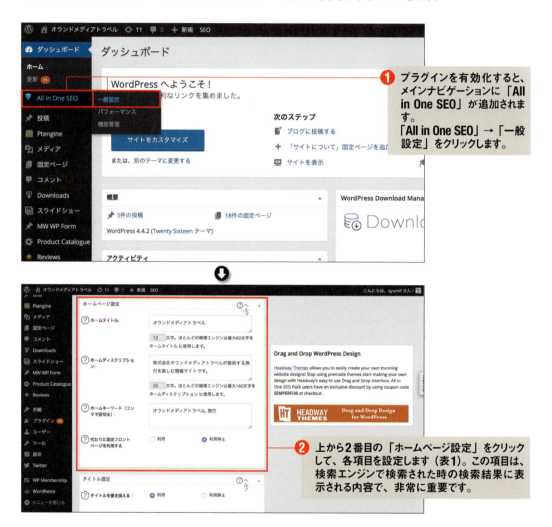

項目	説明
ホームタイトル	サイトのタイトル
ホームディスクリプション	サイトの説明
代わりに固定フロントページを利用する	「利用停止」でかまわない（チェックを入れると、固定フロントページのタイトル、ディスクリプション、キーワードが使用される）

表1：「ホームページ設定」の設定（一部略）

❸ 上から3番目の「タイトル設定」の「タイトルを書き換える」ではデフォルトで「利用」になっています。これは、ブラウザやページのソースの<title>タグの指定です。ページの種類ごとにタイトルのフォーマットが指定されているので必要に応じて変更します。

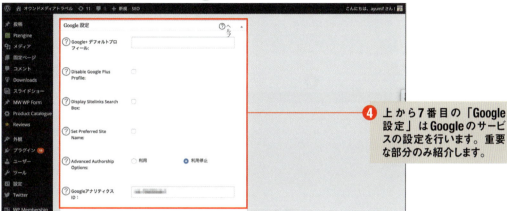

❹ 上から7番目の「Google設定」はGoogleのサービスの設定を行います。重要な部分のみ紹介します。

項目	説明
Google+デフォルトプロフィール	Google+のプロフィールページを持っている場合は、URLを入力する。このページの「著者」としてタグ付けされる
GoogleアナリティクスID	アクセス解析を行うGoogleアナリティクスのIDを指定すると、タグを挿入する

表2:「Google 設定」の設定（一部略）

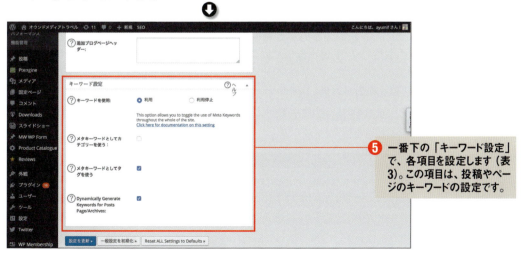

❺ 一番下の「キーワード設定」で、各項目を設定します（表3）。この項目は、投稿やページのキーワードの設定です。

項目	説明
キーワードを使用	サイト全体でキーワード設定を行うかどうかを指定する。「利用」を選択する
メタキーワードとしてカテゴリーを使う	投稿で指定したカテゴリーを自動的に「キーワード」に設定するかどうかを指定する
メタキーワードとしてタグを使う	投稿で指定したタグを自動的に「キーワード」に設定するかどうかを指定する
Dynamically Generate Keywords for Posts Page/Archives	投稿、固定ページ、アーカイブで動的にキーワードを生成するかどうかをチェックする。投稿ごとに個別に設定できるので、このチェックを外すことをおすすめする

表3:「キーワード設定」の設定

Memo: Google アナリティクスについて

Google アナリティクスの利用については264ページで紹介します。Google アナリティクスのIDは、Google アナリティクスで確認できます。

また、Google アナリティクスのタグを別の方法ですでに追加している場合は、ここでGoogle アナリティクスIDの設定をする必要はありません。

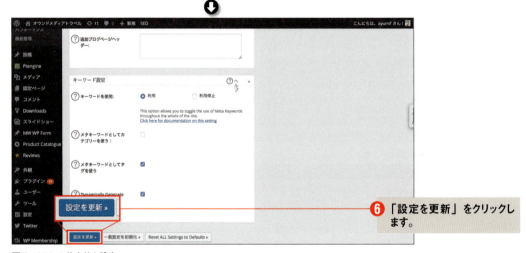

❻「設定を更新」をクリックします。

図2:SEOの基本的な設定

3 XMLサイトマップを設定する

　XMLサイトマップとは、検索エンジンにサイト内に更新情報があることを自動的に通知し、検索エンジンのクロール（巡回）を促すための仕組みです。「All in One SEO Pack」にXMLサイトマップの設定機能があります。ここでは、主な設定項目について紹介します（図3）。

❶ メインナビゲーションの「All in One SEO」→「機能管理」をクリックします。

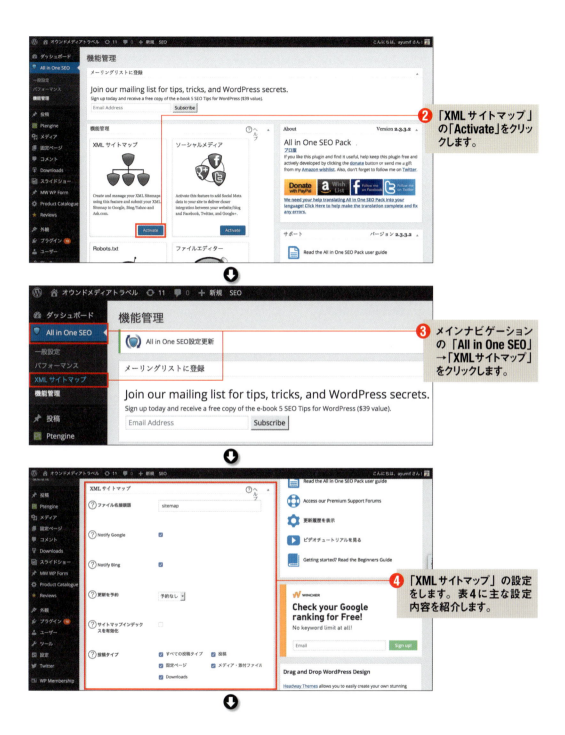

項目	説明
ファイル名接頭語	サイトマップのファイル名。デフォルトのままでかまわない
Notify Google	チェックを入れて、サイトマップが更新されるとGoogleに通知する
Notify Bing	チェックを入れて、サイトマップが更新されるとBingに通知する
投稿タイプ	サイトマップに追加するページを指定する
タクソノミー	サイトマップに追加するカテゴリーなどを指定する
サイトマップを動的に生成	サイトマックを動的に生成するため、チェックを入れる

表4：「XML サイトマップ」の設定（一部略）

❺「サイトマップを更新」をクリックします。

❻ サイトマップが生成されます。「サイトマップを表示」のリンクをクリックします。

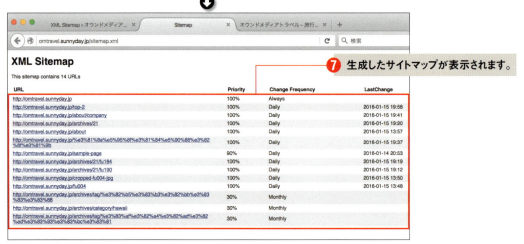

❼ 生成したサイトマップが表示されます。

図3：XML サイトマップを設定

4 ソーシャルメディアを設定する

「ソーシャルメディア」では、ソーシャルメディアでシェアされた時のOGP（Open Graph Protocol）メタタグを設定できます。ソーシャルメディアでシェアされた時にどのようなコンテンツなのかわかるように、必ず設定しておきましょう（図4）。

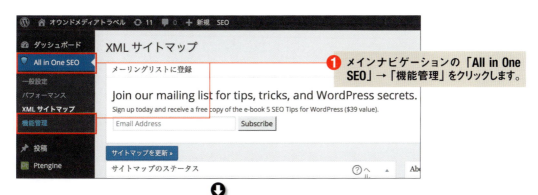

❶ メインナビゲーションの「All in One SEO」→「機能管理」をクリックします。

❷ 「ソーシャルメディア」の「Activate」をクリックします。

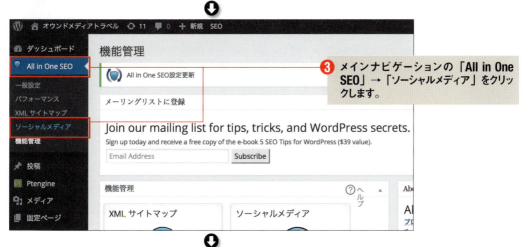

❸ メインナビゲーションの「All in One SEO」→「ソーシャルメディア」をクリックします。

❹「ソーシャルメディア」の設定をします。2番目の「ホームページ設定」はトップページをシェアした時の表示内容を設定します。

項目	説明
Use AIOSEO Title and Description	「All In One SEO」の「一般設定」で設定した内容と同一でよければチェックを入れる。個別に設定する場合は、チェックを外して、各項目を指定する
ホーム画像	サイトのトップページをシェアされた時に表示される画像。サイトの特徴がわかる画像を登録する。「Upload Image」をクリックすると、WordPressのメディア追加画面が表示される

表5：「ホームページ設定」の設定（一部略）

Memo ▶ Facebookで大きく表示される画像サイズ

Facebookでは、画像サイズが小さいと、そのまま小さい画像が表示されます。投稿と同じサイズで表示させるには、横1,200px × 縦630px以上の画像を指定します。

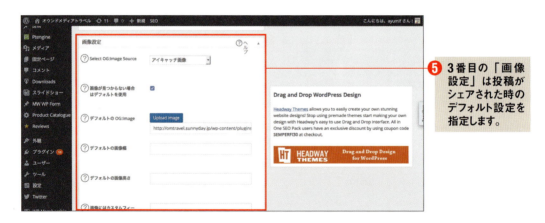

❺ 3番目の「画像設定」は投稿がシェアされた時のデフォルト設定を指定します。

項目	説明
Select OG:Image Source	OGPの画像イメージを選択できる。投稿に個別の「アイキャッチ画像」を設定する場合は「アイキャッチ画像」がおすすめ
画像が見つからない場合はデフォルトを使用	投稿に画像が指定されていない場合、デフォルト画像を表示する。チェックを入れておく
デフォルトの OG:Image	デフォルトのOGP画像を指定する

表6：「画像設定」の設定（一部略）

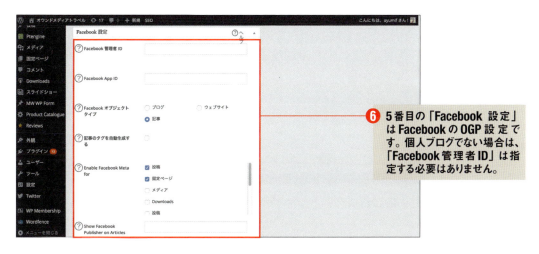

❻ 5番目の「Facebook 設定」はFacebookのOGP設定です。個人ブログでない場合は、「Facebook管理者ID」は指定する必要はありません。

項目	説明
Facebookオブジェクトタイプ	「ブログ」「ウェブサイト」「記事」が選べる。記事ページを主体としているならば「記事」、企業サイトならば「ウェブサイト」がおすすめ（ブログはFacebookのオブジェクトタイプからなくなったため、おすすめしない）
Enable Facebook Meta for	チェックを入れた投稿、固定ページ、メディアにそれぞれFacebookオブジェクトタイプの詳細が指定できるようになる
Show Facebook Publisher on Articles	Facebookページにリンク付けることができる。FacebookページのURLを指定する

表7：「Facebook 設定」の設定（一部略）

POINT Show Facebook Author on Articles

WordPressのユーザー設定で、Facebookプロフィールを指定している場合、著者として表示できます。次のTwitterの「Show Twitter Author」も同様です。

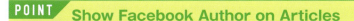

❼ 6番目の「Twitter 設定」はTwitterのOGP設定です（表8）。

項目		説明
デフォルトTwitterカード		Twitter Cardの表示の設定
	要約	サムネイル画像とサイトの説明が表示される
	要約の大きい画像	サムネイルより大きい画像と説明が表示される
Twitterサイト		Twitterアカウントを指定する
Twitterドメイン		サイトのドメインを指定する。「http://」は含まない

表8:「Twitter設定」の設定(一部略)

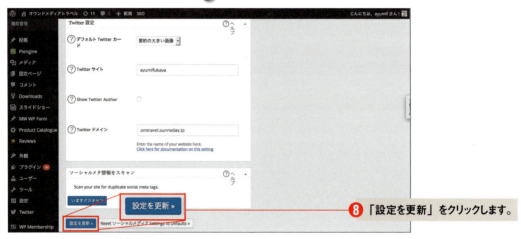

図4:ソーシャルメディアの設定

5 投稿で「All in One SEO」の設定を行う

「All in One SEO」の設定ができると、投稿ページ、固定ページに新しい設定項目が追加されます。ここで、それぞれのページのSEOタグの設定やソーシャルメディアの設定ができます(図5)。

図5：投稿で「All in One SEO」を設定

POINT　Sharing Debugger

ソーシャルメディア用のOGP設定をしても、Facebook側で情報を正しく読み込まないことがあります。その場合、せっかくシェアしても画像などが正しく表示されません（図6）。
その場合はFacebookが提供する「Sharing Debugger」でURLを入力して、情報を再読み込みしてください。URLを入力して（図7❶）「Debug」をクリックします❷。
スクロールすると、シェアした時の表示が確認できます（図8）。

図6：Facebook側で情報を正しく読み込まない例

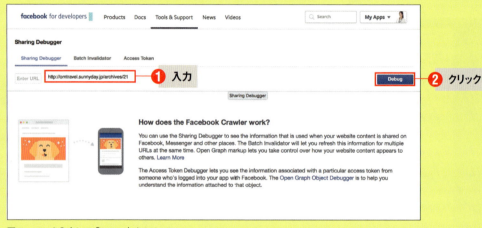

図7：URLを入力して「Debug」をクリック

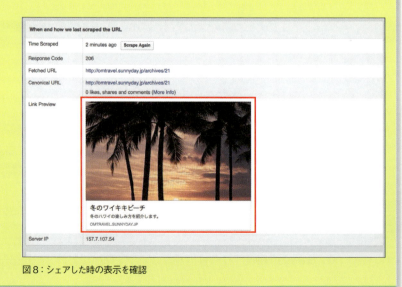

図8：シェアした時の表示を確認

06 ソーシャルメディアでの拡散のためのプラグインを利用する

オウンドメディアのコンテンツがソーシャルメディアでシェアされるためには、コンテンツをシェアしやすい設計にすることが重要です。ここでは、シェアボタンを追加するプラグインを紹介します。

説明の流れ

1. ソーシャルメディアでシェアされるためには
2. 「WP Social Bookmarking Light」を設定する

1 ソーシャルメディアでシェアされるためには

コンテンツをソーシャルメディアでシェアする時、多くの人がそのコンテンツに用意されているFacebookのシェアボタンやTwitterのツイートボタンを使っているのではないでしょうか。

オウンドメディアでは、読者がコンテンツをシェアしやすいように設計する必要があります。

ソーシャルメディアのシェアボタンを表示するプラグインはたくさんありますが、本書では、Facebook、Twitterに加えて、はてなブックマーク、LINEなど、日本で人気のソーシャルメディアボタンが使えるプラグインである「WP Social Bookmarking Light」の使い方を紹介します（図1）。

図1：「WP Social Bookmarking Light」

2 「WP Social Bookmarking Light」を設定する

「WP Social Bookmarking Light」の基本設定について紹介します。なお、本書ではソーシャルメディアのうち、Facebook（いいね！、シェア）、Twitter、はてなブックマーク、Google+のボタンを投稿と固定ページに表示する方法を紹介します（図2）。

❶ 134〜137ページのプラグインのインストール方法を参考にして、「WP Social Bookmarking Light」をインストール、有効化します。

❷ プラグインを有効化すると、メインナビゲーションの「設定」に「WP Social Bookmarking Light」が追加されるので選択します。

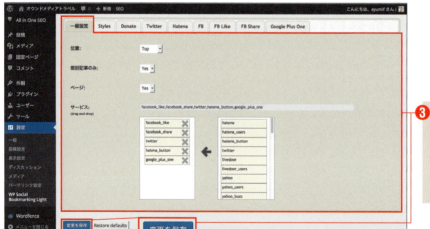

❸ 「一般設定」が表示されます。ボタンの基本設定をして（表1）、「変更を保存」をクリックします。

項目	説明
位置	ソーシャルボタンを表示する位置を選択する
個別記事のみ	「Yes」を選択する。「No」を選択すると、記事の一覧ページにもボタンを表示する
ページ	「Yes」を選択する
サービス	右側のボックスから左画のボックスにドラッグ＆ドロップで追加できる。削除する場合は「×」をクリックする。順番はドラッグ＆ドロップで変更できる

表1：「一般設定」の設定

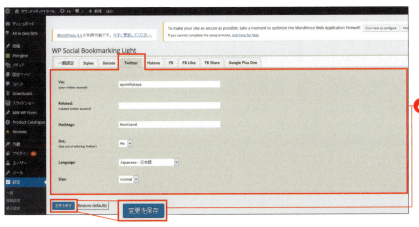

❹「Twitter」をクリックして、Twitterの設定を行います（表2）。設定は任意ですが言語は日本語を指定するとよいでしょう。「変更を保存」をクリックします。

項目	説明
Via	Twitterアカウントを指定すると、最後にvia@Twitterアカウントと表示される
Related	関連するアカウントを指定する
Hashtags	ハッシュタグを指定する
Dnt	「Do Not Track（トラッキング拒否）」の設定。有効にすると、このサイトでのTwitterからのトラッキングができなくなる
Language	言語を選択する
Size	表示サイズを指定する

表2：「Twitter」の設定

❺「Hatena」をクリックして、はてなブックマークのレイアウトを選択します。「変更を保存」をクリックします。

❻「FB」をクリックして、Facebookの設定を行います(表3)。「変更を保存」をクリックします。

項目	説明
Locale	日本語の場合はja_JPを入力する
Version	html5、sfbml、iframeのいずれかを選択する。選択したものによってはうまく表示されない場合があるので、設定を変更する
Add fb-root	他にFacebook関係のプラグインを使っている場合は「No」を選択する。利用していない場合は「Yes」でかまわない

表3：「FB」の設定

❼「FB Like」をクリックして、「いいね!」の設定を行います（表4）。「変更を保存」をクリックします。

項目	説明
Layout	ボタンのみ、またはボタンとアクション数を表示する
Action	「like」または「recommend」を選択する。「like」をおすすめする
Share	シェアにするかどうかを指定する
Width	幅を指定する

表4：「FB Like」の設定

❽「FB Share」をクリックして、シェアの設定を行います（表5）。「変更を保存」をクリックします。

項目	説明
Layout	ボタンのみ、またはボタンとアクション数を表示する
Width	幅を指定する

表5:「FB Share」の設定

❾「Google Plus One」をクリックして、Google+の設定を行います(表6)。「変更を保存」をクリックします。

項目	説明
Button size	ボタンサイズを選択する
Language	言語を選択する
Annotation	+1の数の表示を選択する
Inline size	サイズを指定する

表6:「Google Plus One」の設定

❿「WP Social Bookmarking Light」が反映されます。

図2:「WP Social Bookmarking Light」の設定

07 問い合わせページを作る

固定ページを使って、問い合わせを受け付けるページを作成します。問い合わせフォームはプラグインの「MW WP Form」を利用します。

説明の流れ

1. 問い合わせフォームの作成に便利な「MW WP Form」
2. 「MW WP Form」を設定する

1 問い合わせフォームの作成に便利な「MW WP Form」

「MW WP Form」（図1）は、プラグインでフォームを作成して、投稿やページにショートコードを挿入して、問い合わせフォームを表示します。「MW WP Form」は、次のような機能があります。

- ●確認画面が表示可能
- ●確認画面、完了画面を同一URLまたは個別URLで遷移可能
- ●豊富なバリデーションルール
- ●問い合わせデータを保存可能
- ●保存した問い合わせデータのグラフ表示が可能

日本の企業の問い合わせページでは、フォームに入力後入力内容の確認画面が表示されることが要件になっている場合が多くあります。問い合わせフォームを実現するプラグインは他にもありますが、確認画面を表示できるものはなかなかありません。

またバリデーションルールとは、入力情報が正しいかをチェックする機能です。簡易的なチェックですが、データの精度をあげるためにもぜひ利用したいところです。

「MW WP Form」では、問い合わせフォームの入力内容を、問い合わせした本人、管理者にメールで送信できます。

以降では、確認ページ付きのお問い合わせフォームの設定方法を紹介します。入力フォーム、確認ページ、完了ページをそれぞれ別のURLで遷移するように作成します。

本書では入力項目を次のように設定します。

- ●お名前
- ●メールアドレス
- ●問い合わせ内容

もちろん、上記以外にも住所、〒、電話番号、URL、アンケートなどさまざまな項目を自由に設定できます。

図1：「MW WP Form」

2 「MW WP Form」を設定する

「MW WP Form」の基本設定について紹介します（図2）。

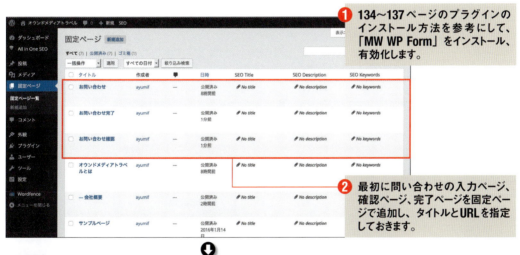

❶ 134～137ページのプラグインのインストール方法を参考にして、「MW WP Form」をインストール、有効化します。

❷ 最初に問い合わせの入力ページ、確認ページ、完了ページを固定ページで追加し、タイトルとURLを指定しておきます。

❸ プラグインを有効化すると、メインナビゲーションに「MW WP Form」が追加されるので「新規追加」をクリックします。

4 「フォームを追加」が表示されます。タイトルを指定します。
追加するフォームタグを選択し、「フォームタグを追加」をクリックします。

フォームタグ	name
テキストフィールド	お名前
Emailフィールド	メールアドレス
テキストエリア	お問い合わせ内容
戻る	戻るボタン
確認・送信	確認送信ボタン

表1：フォームタグの設定例

5 フォームタグのnameは表1を参考に設定します。必要に応じて、size（サイズ）やmaxlength（最大文字数）などの項目を設定して「Insert」をクリックします。

❻ 入力フォームの
ソースが入力さ
れます。

```
<table border>
<tr>
<td width="250">お名前(必須)</td>
<td>[mwform_text name="お名前"]</td>
</tr>
<tr>
<td>メールアドレス(必須)</td>
<td>
[mwform_email name="メールアドレス"]</td>
</tr>
<tr>
<td>お問い合わせ内容(必須)</td>
<td>[mwform_textarea name="お問い合わせ内容"]</td>
</tr>
</table>
```

リスト1：テーブルタグの例

❼ 対応する項目名
をテーブル形式
で指定します。
問い合わせフォー
ムの部分をテー
ブルタグで整えま
す（リスト1）。

⑪「自動返信メール」を指定します（表2、リスト2）。このメールは問い合わせを送った人に送られます。

項目	説明
件名	メールのタイトル
送信者（E-mailアドレス）	メールの送信者
送信元	送信元のメールアドレス
本文	メールの本文。フォーム設定でnameに指定した文字列を{ }で括って入力すると、その部分が入力内容に応じて自動表示される
自動返信メール	メールの送信先をnameに指定した文字列で指定

表2：「自動返信メール」の設定

```
{お名前}様
以下のお問い合わせを受付致しました。
確認次第ご連絡いたしますので、少々お待ちください。

お名前：{お名前}様

メールアドレス：{メールアドレス}

お問い合わせ内容：{お問い合わせ内容}
```

リスト2：メールの例

⑫「管理者宛メール設定」を指定します（表3）。このメールは問い合わせがあった時に管理者に通知されるものです。

項目	説明
送信先（E-mailアドレス）	通知する管理者のメールアドレスを指定する
CC（E-mailアドレス）	必要に応じて指定する
BCC（E-mailアドレス）	必要に応じて指定する
件名	メールのタイトル
送信者	メールの送信者
送信元（E-mailアドレス）	送信元のメールアドレス
本文	メールの本文。フォーム設定でnameに指定した文字列を{ }で括って入力すると、その部分が入力内容に応じて自動表示される

表3：「管理者宛メール設定」を指定

⑬問い合わせをデータベースに保存する場合「設定」で「問い合わせデータをデータベースに保存」にチェックを入れます。

図2：「MW WP Form」の設定

POINT テストをしっかり行う

問い合わせフォームの入力項目を変更したり、メールアドレスを変更したりして、想定通りの動作をするかしっかり確認しましょう。特にメールの配信がされることをきちんと確認してください。

Memo データベースに保存した場合

問い合わせをデータベースに保存する設定にした場合、メインナビゲーションの「MW WP Form」→「問い合わせデータ」をクリックして、問い合わせ件数を確認したり、問い合わせ内容を閲覧できたりします。問い合わせ状況のステータスやメモも記録できます（図3）。

図3：「問い合わせデータ」の設定

Chapter 7

商品・サービスの
ランディングページを作る

固定ページを使って、商品やサービスを紹介するランディングページを作成してみましょう。動画や写真、ソーシャルメディアの情報などを組み込んだページを作成します。

01 コンバージョンに導く ランディングページを作る

ランディングページとは、訪問した人に1ページで購入や申し込みまでしてもらうことを目的にしたページです。すでに認知している人、ニーズがある人に向けて、欲しくなる、申し込みたくなるような情報を盛り込みます。

興味・関心が高まっているユーザーをひと押しするランディングページ

ランディングページとは、「訪問者が最初に訪れる」＝「ランディングする」ページです。最初に訪問したページであれば、どこもランディングページとなりますが、一般的にWebマーケティングでは、リスティング広告やディスプレイ広告などをクリックした時に表示される専用のページを指します。

ランディングページは、「刈り取り」を目的としています。「刈り取り」という表現はいかにも売り手側の目線なので筆者は好きではないのですが、いろいろな施策を通して興味・関心を持った人を顧客にするための最後の一施策のことです。ランディングページでは、「訪れた人に購入、申し込み、資料請求などのアクションを実行してもらうこと」＝「コンバージョンすること」を目指して作成されます。

例えば「ハワイ旅行」というキーワードの検索結果に表示されるリスティング広告を出稿している場合、訪問する人はハワイ旅行の情報を探している人ですから、すでに興味・関心が高まっている状態です。その状態の人にはランディングページでダイレクトに旅行の魅力やプランを伝えて、申し込みや問い合わせまでのひと押しをします。

本書では、旅行会社がハワイ旅行のランディングページを作成し、ツアーの申し込みをすることをコンバージョンとしてページを作成します。

テーマは「Twenty Sixteen」を使います。テーマによっては投稿ページと固定ページのデザインを簡単に使い分けられるものもありますが、このテーマで使い分けるには、ソースコードのカスタマイズが必要です。ここでは、ソースコードのカスタマイズはせずに、固定ページに合わせてデザインを変更します。

次ページの図1は作成するランディングページのラフ案になります。ページの要素を組み込んだ案を「ワイヤーフレーム」と呼びます。オウンドメディアを構築する時には、ワイヤーフレームを作成して、デザインや導線、コンテンツ要素などを設計してからはじめましょう。

> **POINT　ランディングページはパーソナライズ時代になる**
>
> 最近のランディングページは、訪問者の性別、年代、地域などによって、コンテンツの出し分けを行うページが増えています。若い女性の関心や興味と、初老の男性の関心や興味は異なり、訴求するべきポイントが違うからです。
> また、属性データだけではなく、さらに詳細な情報までを汲みとって、ターゲットに最適なランディングページを出し分けるようなサイトも増えています。いろいろな画像、メッセージを試しながら、訪問した人が「まさに自分が欲しいものだ」と感じられるようにすることで、コンバージョンを改善しているのです。

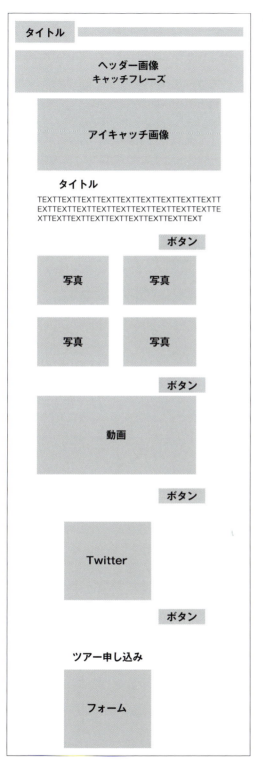

図1：作成するランディングページのワイヤーフレーム

> **Memo** ワイヤーフレーム作成に便利なサービス「Cacoo」
>
> Cacoo（図2）はオンラインでワイヤーフレーム、サイトマップ、ネットワーク構成図、アプリのデザインなどが作成できるサービスです。ワイヤーフレームに限らず、それぞれの図に適した要素がそろっていてドラッグ＆ドロップによる直感的な操作で図の作成ができます。
>
>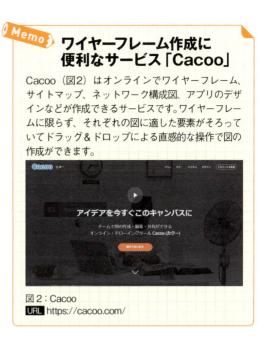
>
> 図2：Cacoo
> URL https://cacoo.com/

サイドバーを非表示にする

　ランディングページは、ページ内容に集中し、その1ページでコンバージョンまで導くことを目指しています。よって、他のページのコンテンツに誘導して気をそらさせてはいけません。

　ランディングページでは、訴求する製品、サービスに絞って、そのことだけを伝えるので、ページ構成は非常にシンプルになります。

　通常のブログであれば、他のコンテンツを提示してサイト内を回遊してもらうため、サイドバーは重要なナビゲーションですが、ランディングページの場合は逆効果になります。よって、サイドバーを非表示にします。

　テーマによっては、ページ単位でサイドバーの表示の有無を切り替えられるものもありますが、Twenty Sixteenはシンプルなテーマなので、サイドバーに含まれるすべてのウィジェット（図3）を削除すると、全ページでサイドバーが非表示になります。サイドバーの設定については128～130ページを参照してください。

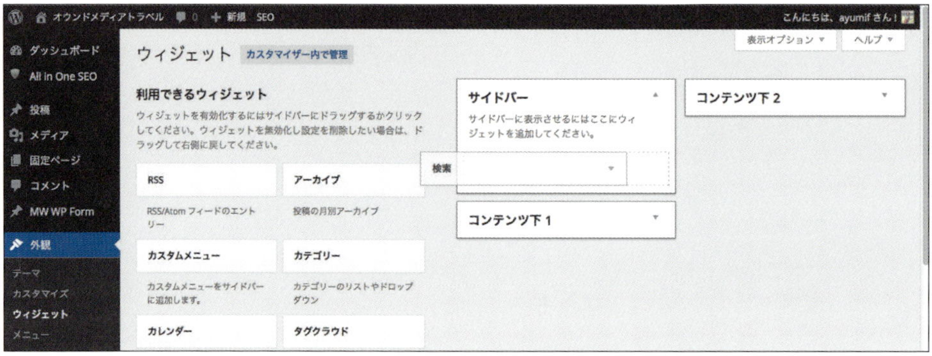

図3：ウィジェット

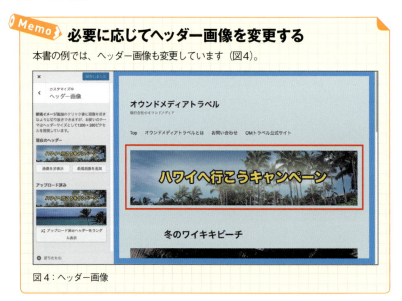

Memo 必要に応じてヘッダー画像を変更する

本書の例では、ヘッダー画像も変更しています（図4）。

図4：ヘッダー画像

02 写真をギャラリーで表示してボタンを付ける

コンバージョンを目的にしたランディングページには、長い文章よりもキャッチーなフレーズ、画像、コンバージョンに導くボタンが重要です。画像で作成していきましょう。

説明の流れ

1. 印象的な写真を「ギャラリー」で表示する
2. 申し込みに誘導するボタンを作成するには
3. 申し込みに誘導するボタンを作成する

1 印象的な写真を「ギャラリー」で表示する

ランディングページでは、正しい知識や情報を伝えるような長い文章は不要です。文章で伝えるよりも、キャッチーな見出しやフレーズ、印象的な写真を用意してみましょう。

写真を表示する時に、1枚の画像を表示する方法を説明しましたが、「ギャラリー」を作成すると、複数の画像をまとめて表示できます（図1）。

❶ 固定ページを作成し、「メディアを追加」をクリックします。

項目	説明
リンク先	各画像のリンクを設定
カラム	表示するギャラリーの列数を設定
ランダム	チェックすると、ギャラリーの表示がランダムになる
サイズ	ギャラリーの表示サイズを指定する

表1：「ギャラリーの設定」の設定

図1：印象的な写真を「ギャラリー」で表示

2 申し込みに誘導するボタンを作成するには

　コンバージョンを目的にしたランディングページでは、コンテンツをすべて見る前に「申し込みたい！」「購入したい！」と思ったユーザーを、きちんと誘導するべく、コンバージョンする場所へのリンクを作成します。

　ただし、通常の文字のリンクでは目立たないので、画像でボタンを作成してリンクさせます。ボタン画像は、ページ下に設置した申し込みフォームにリンクさせます（リスト1）。申し込みフォームへのリンクはページ内リンクを指定します（リスト2）。

```
<a href="#form">予約する</a>
```
リスト1：リンク元（ボタンに指定するリンク）

```
<h2 id="form">お申し込みフォーム</h2>
```
リスト2：リンク先（ボタンをクリックした時の表示位置）

3 申し込みに誘導するボタンを作成する

コンバージョンする場所へのリンクを作成します（図2）。

❶ 固定ページを作成し、「メディアを追加」をクリックします。

❷ ボタン画像をアップロードして、「添付ファイルの表示設定」を設定し（表2）、「固定ページに挿入」をクリックします。

項目	説明
配置	画像の配置を指定する
リンク先	画像をクリックした時のリンク先。「カスタム」を指定してページ内リンクを指定する
サイズ	任意のサイズを指定する

表2：「添付ファイルの表示設定」の設定

図2：申し込みに誘導するボタンを作成

03 動画を挿入する

WordPressでは画像だけでなく、音声や動画などのメディアファイルを追加できます。ここでは動画をWordPressに直接挿入する方法と、YouTubeの動画を埋め込む方法を紹介します。

説明の流れ
1. WordPressに動画を直接アップロードする
2. YouTubeの動画を埋め込む

1 WordPressに動画を直接アップロードする

WordPressに動画を直接アップロードして、サイト上で再生できます（図1）。

❶ 固定ページを作成して、「メディアを追加」をクリックします。

Memo ファイルのアップロード容量制限

レンタルサーバーによっては、アップロードできるファイルの容量の最大サイズを制限しています。アップロードするには、ファイル容量を減らすか、一度YouTubeにアップロードして、208〜209ページで紹介する方法で動画を表示してください。

03 動画を挿入する

❷「ファイルをアップロード」をクリックして、動画ファイルをアップロードします。「動画プレイリストを作成」をクリックします。

❸「動画プレイリストを新規作成」をクリックします。

> **Memo 複数の動画をまとめられる**
> 動画プレイリストでは、複数の動画をまとめて、1つの動画として表示できます。

❹「動画プレイリストを編集」で「動画プレイリストを挿入」をクリックします。

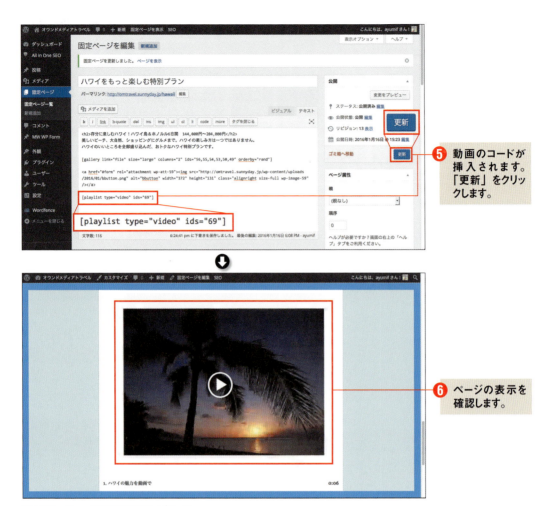

図1：WordPressに動画を直接アップロード

2 YouTubeの動画を埋め込む

　WordPressに直接動画をアップロードすると、再生数などの統計データを取得できません。また、レンタルサーバーによっては容量が大きいファイルはアップロードできません。その場合は、一度動画共有サイトのYouTubeにファイルをアップロードして、その動画をWordPressに埋め込みます。

　あらかじめYouTubeに動画をアップロードしてください。

　本書では、例として次の動画を埋め込みます。

Kauai in HD - Hawaii Amazing Scenery
https://www.youtube.com/watch?v=TxHBeXCWzGg
Stephane Thomas
（CC BY ライセンスにて公開）

動画を挿入する

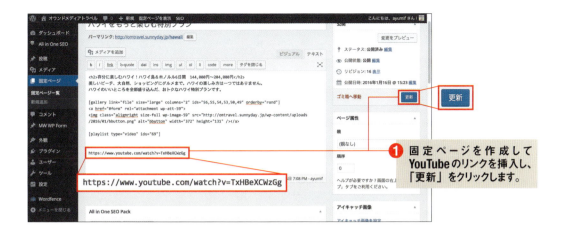

❶ 固定ページを作成してYouTubeのリンクを挿入し、「更新」をクリックします。

POINT　URLはリンク形式にしない

挿入するリンクはURLをそのまま貼り付けます。クリックできるハイパーリンク形式で挿入するとリンクになってしまいます。また、文中には挿入できません。独立した1行として挿入してください。

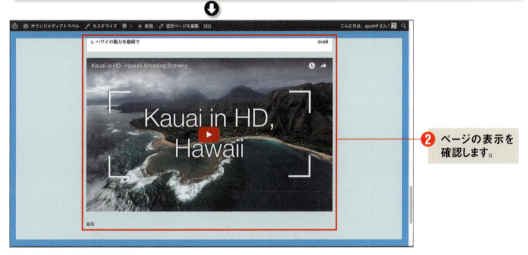

❷ ページの表示を確認します。

図2：YouTubeの動画を埋め込む

POINT　URLだけで埋め込みができる理由

通常のWebサイトにYouTubeの動画を埋め込む場合は、埋め込みタグを挿入しますが、WordPressの場合はoEmbedという仕組みでURLを挿入するだけで、メディアを埋め込めるようになっています。
WordPressでoEmbedに対応しているサイトには右のようなものがあります。

- Flicker（動画、画像）
- Hulu（動画）
- Instagram（動画、画像）
- SlideShare（プレゼンテーションスライド）
- TED（動画）
- Twitter（ソーシャルメディア）
- Vine（動画）

04 Twitter のクチコミ情報を表示する

Twitter は 140 文字で情報を共有できるソーシャルメディアです。Twitter にはさまざまなクチコミがあります。Twitter の特定のツイートを埋め込んだり、特定の話題のツイートを表示したりしてみましょう。

説明の流れ
1 Twitter を表示するには
2 特定のツイートを埋め込む
3 ハッシュタグを埋め込む
4 問い合わせフォームを挿入する

1 Twitter を表示するには

　Twitterを埋め込むには、いくつかの方法がありますが、ここでは特定のツイートを埋め込む方法と、ハッシュタグを含むツイートを表示する方法を紹介します。

　購入や申し込みを目的としたランディングページでは、Twitterを表示するのはあまり見かけない手法ですが、Twitterを使ったキャンペーンページでは、Twitterの埋め込みをすることがあります。

2 特定のツイートを埋め込む

　特定のツイートを埋め込んでみましょう。Twitterの埋め込みもYouTubeと同様にURLを挿入するだけでツイートが表示されます（図1）。

❶ 固定ページを作成し、Twitter のリンクを挿入し「更新」をクリックします。

POINT　URLはリンク形式にしない

挿入するリンクはURLをそのまま貼り付けます。クリックできるハイパーリンク形式で挿入するとリンクになってしまいます。また、文中には挿入できません。独立した1行として挿入してください。

❷ ページの表示を確認します。

図1：Twitterを表示する

3　ハッシュタグを埋め込む

特定のハッシュタグを含むツイートのみ表示してみましょう（図2）。

●Twitterの設定
　URL　https://twitter.com/settings/widgets/new

❶ Twitterのハッシュタグを埋め込むには、まずTwitterでウィジェットを作成します。ウィジェットを作成するには、Twitterにログインした状態で左の「Twitterの設定」のサイトにアクセスします（Twitterの「設定」→「ウィジェット」→「新規作成」を選択してアクセス可能）。

❷ ユーザーウィジェットでは、自分のタイムラインを表示するウィジェットや自分が「いいね」したウィジェットなどを作成できます。ここでは、「検索」→「検索クエリ」でハッシュタグを指定します。

図2：ハッシュタグの埋め込み

4 問い合わせフォームを挿入する

ランディングページの要素を追加できました。最後に、問い合わせフォームを挿入します。問い合わせフォームの作成については、188～196ページを参考に作成してください。

通常の問い合わせフォームとは別に作成したほうが、管理しやすいので、新規に作成して登録し、コードを挿入してください（図3）。

❶ プラグイン「MW WP Form」で作成したコードをコピーして、固定ページにペーストします。「更新」をクリックします。

❷ ページの表示を確認します。

図3：問い合わせフォームを挿入

> **Memo ボタンリンクの確認をする**
> ギャラリーの下にボタンリンクを作成しましたが、ボタンをクリックした時に、お申し込みフォームにリンクするように、お申し込みフォームのタグを「<h2 id="form">お申し込みフォーム</h2>」と設定します。ボタンをクリックして、リンクが正しく動作することを確認してください。

> **Memo その他の作業**
> アイキャッチ画像の指定、「All in One SEO」の設定をしてページは完成です。

05 TwitterとFacebookの広告を活用する

TwitterとFacebookは、自分で広告の設定をして配信できますが、オウンドメディアと連係した広告を配信できます。ここでは、それぞれの広告設定については割愛しますが、オウンドメディアと連係するための設定について紹介します。

説明の流れ

1. ソーシャルメディアからコンバージョンを計測する
2. Twitterのウェブサイトタグを挿入するには
3. Twitterのウェブサイトタグを挿入する
4. FacebookのFacebookピクセルとは
5. FacebookのFacebookピクセルを挿入する

1 ソーシャルメディアからコンバージョンを計測する

オウンドメディアではFacebook、Twitterを活用してコンテンツの拡散を図ることが重要であることを紹介しました。Facebook、Twitterも自然と広まるリーチ（オーガニックリーチと呼ぶ）だけでなく、広告を活用することで自分とつながりのないユーザーにも情報を届けられます。

広告は、FacebookもTwitterも自分で広告の設定、運用ができるセルフサービスになっています。そして、どちらも広告配信により、オウンドメディアでのコンバージョンを計測したり、オウンドメディアにアクセスしたりすることがある人に、ソーシャルメディア内の広告を表示するといったことが可能です（図1）。

ソーシャルメディアの管理ツールからオウンドメディアのコンバージョンを測定したり、ユーザーのアクセス履歴をもとにユーザーをターゲティングして広告を配信したりするためには、ウェブサイトタグ（Twitter）またはFacebookピクセル（Facebook）と呼ばれるトラッキングコードをWebサイトに設置する必要があります。

なお、ソーシャルメディアの広告を利用するには、それぞれのアカウントが必要です。また広告を運用するために、クレジットカードの登録なども必要になります。詳細については、それぞれのヘルプなどを参照してください。

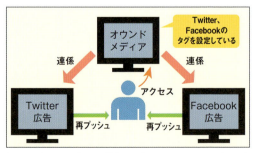

図1：オウンドメディアを訪問した人に、ソーシャルメディア広告を表示する

2 Twitterのウェブサイトタグを挿入するには

Twitterのウェブサイトタグは、Twitterの広告ツールから作成します。作成したウェブサイトタグを必要なページに挿入します。

コンバージョンを計測する場合は、例えば、問い合わせページの完了ページ、購入完了ページ、会員登録ページなどにウェブサイトタグを挿入します。

Twitter公式のプラグイン「Twitter」を利用すると（図2）、該当の投稿や固定ページにショートコードを挿入するだけで、ウェブサイトタグが挿入されます。

図2：Twitter公式のプラグイン「Twitter」

3 Twitterのウェブサイトタグを挿入する

Twitterのウェブサイトタグを挿入してみましょう（図3、なお事前に、広告アカウントを作成して、キャンペーンの設定をして開始しておく必要がある）。

❶ Twitterの広告ツール（URL https://ads.twitter.com/）の「ツール」→「コンバージョン」→「新しいウェブサイトタグを作成」でウェブサイトタグを生成します（リスト1）。

```
<script src="//platform.twitter.com/oct.js" type="text/javascript"></script>
<script type="text/javascript">twttr.conversion.trackPid('XXXXX', { tw_sale_
amount: 0, tw_order_quantity: 0 });</script>
<noscript>
<img height="1" width="1" style="display:none;" alt="" src="https://
analytics.twitter.com/i/adsct?txn_id=XXXXX&p_id=Twitter&tw_sale_amount=0&tw_
order_quantity=0" />
<img height="1" width="1" style="display:none;" alt="" src="//t.co/i/
adsct?txn_id=nu6br&p_id=Twitter&tw_sale_amount=0&tw_order_quantity=0" />
</noscript>
```

リスト1：ウェブサイトタグ（XXXXXの部分が固有のIDになる）

```
[twitter_tracking id="12b34"]
```

リスト2：Twitter のショートコード。「12b34」は、サンプルのID。実際には、ウェブサイトタグの固有のID 部分を入力する

図3：Twitter のウェブサイトタグを挿入

POINT コンバージョントラッキングが反映されるタイミング

コンバージョントラッキングは挿入しただけでは、トラッキングを開始しません。そのタグが埋め込まれたWebページで最初にコンバージョンアクションが行われた時に認証されます。認証されるとTwitterの広告管理画面上のトラッキングコードステータスが「トラッキング」と表示されます(図4)。

図4：トラッキングコードステータス

4 FacebookのFacebookピクセルとは

FacebookのFacebookピクセルは、Facebookの広告マネージャから作成します。作成したFacebookピクセルを必要なページに挿入します。

コンバージョンを計測する場合は、例えば、問い合わせページの完了ページ、購入完了ページ、会員登録ページなどにFacebookピクセルを挿入します。

プラグイン「Facebook Conversion Pixel」を利用すると、該当の投稿や固定ページにショートコードを挿入するだけで、Facebookピクセルが挿入されます（図5）。

図5：Facebookピクセル

5 FacebookのFacebookピクセルを挿入する

Facebookピクセルを挿入します。

> **POINT 広告を初めて作成する場合**
> 広告を初めて作成する時は、広告作成画面が表示されます（図6）。「作成せずに閉じる」をクリックすると、広告マネージャにアクセスできます。
>
>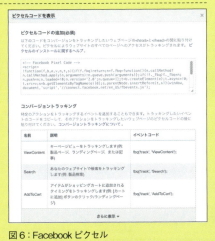
>
> 図6：Facebookピクセル

❶ Facebookの広告マネージャ（URL https://www.facebook.com/ads/manager/account/）の「ツール」→「ピクセル」→「アクション」→「ピクセルコードを表示」をクリックして、ピクセルコードをコピーします。

❷ WordPressに「Facebook Conversion Pixel」のプラグインをインストールして有効化すると、メインナビゲーションの「設定」に「Facebook Conversion Pixel」が追加されます。クリックすると、「Facebook Conversion Pixel」の設定画面が表示されます。

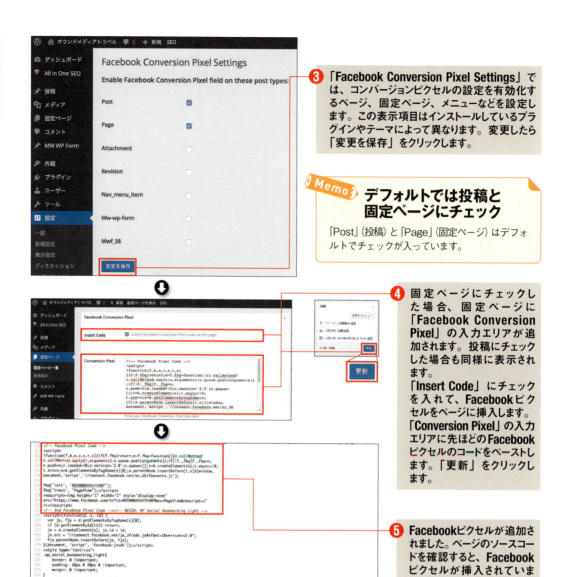

❸「Facebook Conversion Pixel Settings」では、コンバージョンピクセルの設定を有効化するページ、固定ページ、メニューなどを設定します。この表示項目はインストールしているプラグインやテーマによって異なります。変更したら「変更を保存」をクリックします。

Memo　デフォルトでは投稿と固定ページにチェック

「Post」（投稿）と「Page」（固定ページ）はデフォルトでチェックが入っています。

❹ 固定ページにチェックした場合、固定ページに「Facebook Conversion Pixel」の入力エリアが追加されます。投稿にチェックした場合も同様に表示されます。
「Insert Code」にチェックを入れて、Facebookピクセルをページに挿入します。「Conversion Pixel」の入力エリアに先ほどのFacebookピクセルのコードをペーストします。「更新」をクリックします。

❺ Facebookピクセルが追加されました。ページのソースコードを確認すると、Facebookピクセルが挿入されています。

図7：Facebook ピクセルのピクセルコードを挿入

POINT　Facebookピクセルが反映されるタイミング

Facebookピクセルを挿入したページにアクセスすると、FacebookピクセルからFacebookに情報が送信され、Facebookピクセルのステータスが「まだアクティビティがありません」から「アクティブ」に変わります（図8）。

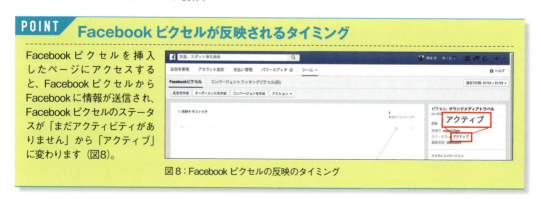

図8：Facebook ピクセルの反映のタイミング

Chapter **8**

セミナーやイベントを告知する

セミナーやイベントを開催し、イベントの情報を掲載するページを用意しましょう。イベント終了後は、ブログなどでセミナーレポートを掲載すると、次のセミナーの集客にも活かせます。

Chapter 8 セミナーやイベントを告知する

01 イベント・セミナーのページを作成する

オウンドメディアの情報発信を通してファンができたら、ぜひ開催したいのが実際のイベントやセミナーです。直接の対話の機会は、お客様との交流、情報の交換、信頼感の構築など、さまざまな点でメリットがあります。

説明の流れ

1. イベント・セミナーのページに掲載するべき基本的な情報
2. 固定ページを使って、イベント・セミナーページを作成する
3. イベント・セミナーページにスライドショーを設置する
4. Googleマップで会場を示す
5. その他の必要な情報を記載する

1 イベント・セミナーのページに掲載するべき基本的な情報

イベントやセミナーのページに記載するべき情報は、次のようなものがあります。参加者を迷わせたり、疑問に思わせたりしないように、どのようなイベントが、いつ、どこで開催されるかがわかるように、必要な情報を網羅します。

- 開催日時
- 開催場所・アクセス
- 開催概要（イベントの目的、内容など）
- 参加費用
- 募集人数（制限がある場合）
- 参加条件（条件がある場合）
- プログラム（セッション、イベントなどの情報）
- 登壇者プロフィール
- 出展者情報（ブース出展などがある場合）
- 申し込み方法
- FAQ（よくある質問）
- 主催者情報

2 固定ページを使って、イベント・セミナーページを作成する

それでは、固定ページを使って、イベント・セミナーページを作成しましょう。第7章のランディングページと同様に、サイドバーなしで、デザインを作成しましょう。

3 イベント・セミナーページにスライドショーを設置する

ページを見た時に、ひと目でイベント・セミナー情報のページだとわかるようにトップに画像を掲載します。

複数の画像を順番に表示するスライドショーを使ってみましょう。

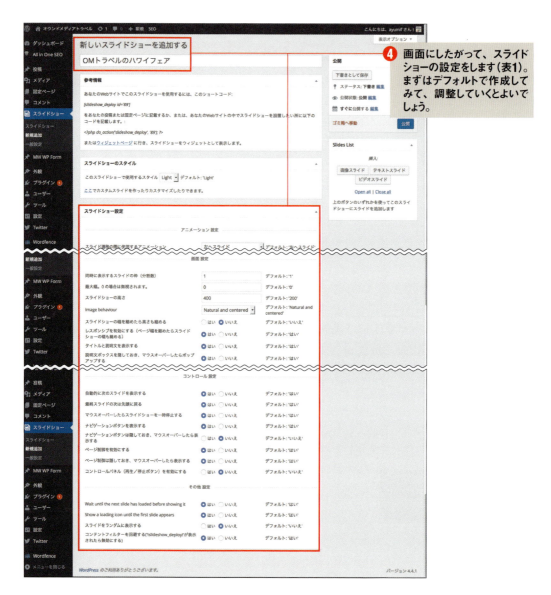

❹ 画面にしたがって、スライドショーの設定をします(表1)。まずはデフォルトで作成してみて、調整していくとよいでしょう。

項目	説明
新しいスライドショーを追加する	スライドショーのタイトルを入力する
スライドショーのスタイル	スライドの明るさを指定する
スライドショー設定	
アニメーション設定	スライドの切り替え方向やタイミングなどのアニメーションを指定する
画面設定	スライドの幅、高さ、レスポンシブ対応、説明文の表示の有無などを指定する
コントロール設定	スライドショーの手動による切り替えの設定などを指定する
その他設定	ロードアイコンやランダム表示を設定する

表1:「スライドショー設定」の設定(一部略)

01 イベント・セミナーのページを作成する

❺「Slide List」の「画像スライド」をクリックして、スライドに表示する画像をアップロードします。

Memo アップロードしたファイルの順番の入れ替え

アップロードしたファイルはドラッグ＆ドロップして位置を入れ替えられます（図1）。

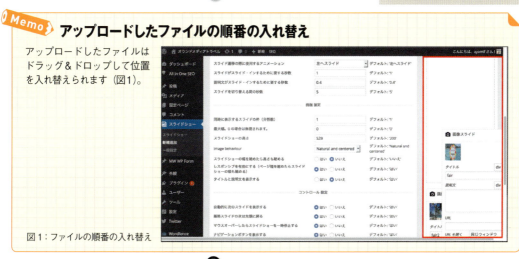

図1：ファイルの順番の入れ替え

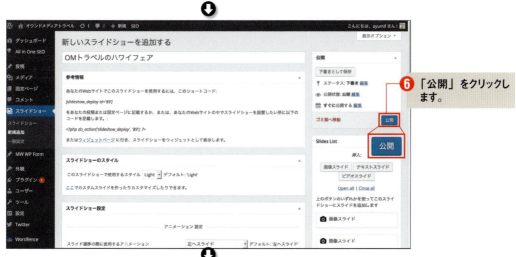

❻「公開」をクリックします。

❼ 「参考情報」に記載されたショートコードをコピーします。

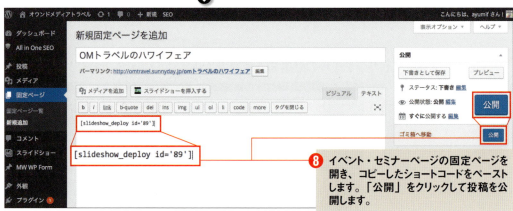

❽ イベント・セミナーページの固定ページを開き、コピーしたショートコードをペーストします。「公開」をクリックして投稿を公開します。

> **Memo** ショートコードを入力する時のモードは「テキスト」にする
> WordPressのエディタのモードは「テキスト」を選択してください。

❾ ページを開いてスライドショーの表示を確認します。

図2：イベント・セミナーページにスライドショーを設置

4 Googleマップで会場を示す

　Googleマップで場所を示して、その地図をWordPressに組み込むことができます（図3）。Googleマイマップを使えば、複数箇所を示したり、ルートを地図上に書いたりすることもできます。Googleマイマップについては、ヘルプなどを参照してください。

❶ Googleマップで場所を指定して、「共有」をクリックします。

❷「地図を埋め込む」を選択して、埋め込みコードをコピーします。

❸ **WordPress**の管理画面に戻ってイベントの固定ページを開き、コピーした埋め込みコードをペーストします。「更新」をクリックして投稿を更新します。

❹ ページを開いて地図の表示を確認します。

図3：Googleマップで会場を表示

5 その他の必要な情報を記載する

イベントの開催概要、参加条件、イベントのプログラム、登壇者などをテキストや画像を使ってページに入力していきます（図4）。

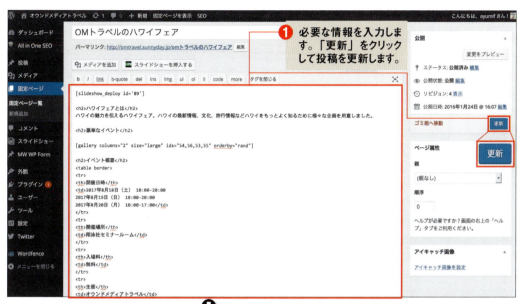

図4：その他の必要な情報を記載

POINT　最新情報は投稿で公開

イベントの最新情報や追加情報等は、ニュースやお知らせの扱いで、投稿で作成してお知らせするとよいでしょう。あわせて固定ページも更新していきましょう。徐々に、情報が追加されていく状況や、申し込み状況などがわかると参加者の期待が高まります。

02 Googleフォームを使ってイベント・セミナーの申し込みを受け付ける

イベント・セミナーの申し込みが必要な場合、申込者の情報を管理する必要があります。
関係者に参加者情報を共有しやすい、問い合わせフォームを作成します。

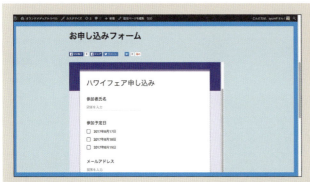

説明の流れ
1 申し込みの受け付け・管理ができるGoogleフォーム
2 申し込みの受け付けフォームを作る

1 申し込みの受け付け・管理ができるGoogleフォーム

Googleフォームは、無料で使えるフォームで、申し込みフォームとして利用できる他、アンケートや投票などを作成することもできます。

ここでは、Googleフォームを使って申し込みフォームを作成して、WordPressに組み込む方法を紹介します。

もちろん、188～196ページで紹介したプラグイン「MW WP Form」を使って申し込みフォームを作成することもできます。普段問い合わせに使っているフォームとは別に、イベント単位でフォームを作成したほうが管理しやすいでしょう。

Googleフォームでは、フォームから回答情報を確認することができる他、回答データをスプレッドシートに保存するように設定できます。スプレッドシートに保存すると、参加者情報の管理などに使いやすいので活用しましょう。

なお、Googleフォームの詳しい利用方法はGoogleフォームのヘルプを参考にしてください。

●Googleフォーム
URL https://docs.google.com/forms/

2 申し込みの受け付けフォームを作る

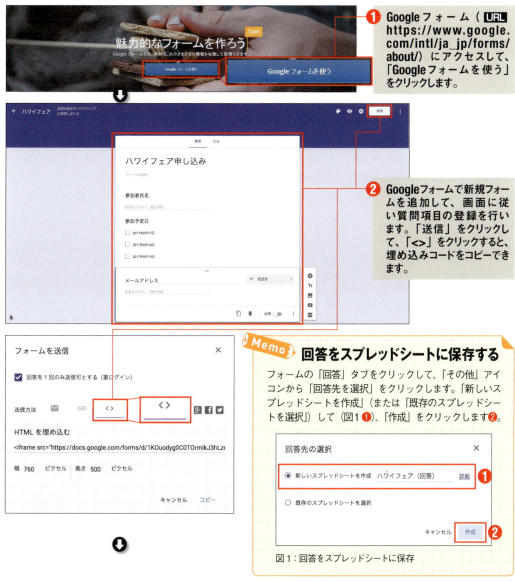

❶ Googleフォーム（URL https://www.google.com/intl/ja_jp/forms/about/）にアクセスして、「Googleフォームを使う」をクリックします。

❷ Googleフォームで新規フォームを追加して、画面に従い質問項目の登録を行います。「送信」をクリックして、「<>」をクリックすると、埋め込みコードをコピーできます。

Memo 回答をスプレッドシートに保存する

フォームの「回答」タブをクリックして、「その他」アイコンから「回答先を選択」をクリックします。「新しいスプレッドシートを作成」（または「既存のスプレッドシートを選択」）して（図1❶）、「作成」をクリックします❷。

図1：回答をスプレッドシートに保存

❸ イベントの申し込みページを作成して、コピーした埋め込みコードをペーストします。「更新」をクリックして投稿を更新します。

図2：申し込みの受け付けフォームを作成

POINT 申し込みフォームの動作テストをする

申し込みフォームができたら、必ずテストを実施して、正しく情報が登録できるか、Googleスプレッドシートに情報が保存されていくかを確認しましょう。

POINT 関係者でフォームを共有する

Googleフォームで作成すれば、WordPressの管理権限とは関係なく、Googleスプレッドシートの共有設定で、情報を共有できます。受付管理の担当者などにGoogleスプレッドシートを共有して、当日もそのフォームをもとに参加者の出欠管理などができます。

COLUMN

外部のイベント管理サービスを活用する

有料のイベントを開催する時、決済方法を検討する必要があります。当日支払いだと、受付で現金のやりとりが発生するので、できれば避けたいところです。そんな時に便利なのが、外部のイベントサービスです。ここでは代表的なサービスを2つ紹介します。どちらもサービス経由での決済ができるだけでなく、イベント情報として掲載されるので、集客効果も期待できます。また、どちらのサービスでもWordPressにイベント情報を埋め込めるウィジェットを提供しています。ウィジェットから、チケット販売ページに誘導できます。

●Peatix
URL http://peatix.com/

無料のイベントであれば無料で利用できます。有料の場合は手数料がかかります。手数料は、チケット販売額の4.9%+99円／1枚です。

●イベントレジスト
URL http://eventregist.com/

無料のイベントであれば無料で利用できます。有料の場合は手数料がかかります。手数料は、チケット販売額の8%です。

03 イベント・セミナーの資料を公開・ダウンロードできるようにする

セミナーで使ったプレゼンテーション資料や関連の資料を公開したり、ダウンロードできるようにしましょう。イベントの後に公開すると、振り返りや復習に役立ちます。

説明の流れ

1. イベント・セミナーの資料を公開・ダウンロードできるようにする
2. 投稿ページでイベント・セミナーのレポートを作成する
3. 「SlideShare」に公開した資料を投稿で表示する
4. 資料をダウンロードできるようにする（パスワード付き）

1 イベント・セミナーの資料を公開・ダウンロードできるようにする

　イベントやセミナーで使った資料、関連する資料やデータを公開したり、ダウンロードしたりできるようにしましょう。

　ここでは、セミナーで使った資料をSlideShareに公開して、オウンドメディアから誰でも見られるようにする方法と、参加者にのみ特別なコンテンツをダウンロードできるようにする方法を紹介します。SlideShareの使い方についてはヘルプを参照してください。

　参加者にのみダウンロードできるようにする方法では、パスワードを設定します。来場者にパスワードを伝えて、後でダウンロードしてもらうようにします。プラグイン「WordPress Download Manager」を使います（図1）。

図1：「WordPress Download Manager」
URL https://ja.wordpress.org/plugins/download-manager/

2 投稿ページでイベント・セミナーのレポートを作成する

イベントやセミナーを公開したら、イベントやセミナーのレポートを投稿で作成して、1つのコンテンツにしましょう（図2）。そのコンテンツの中に、資料を公開したり、ダウンロードのリンクを表示したりします。先に投稿を作成しておいてください。

図2：投稿ページでイベント・セミナーのレポートを作成

3 「SlideShare」に公開した資料を投稿で表示する

SlideShare（URL http://www.slideshare.net/）は、PowerPointのスライドやWordのドキュメント、PDFファイルなどをアップロードして、共有できるサービスです。ここでは、SlideShareにプレゼンテーションのファイルをアップロードして、WordPressから直接見られるようにします（図3）。

❶「SlideShare」に公開する資料をアップロードします。

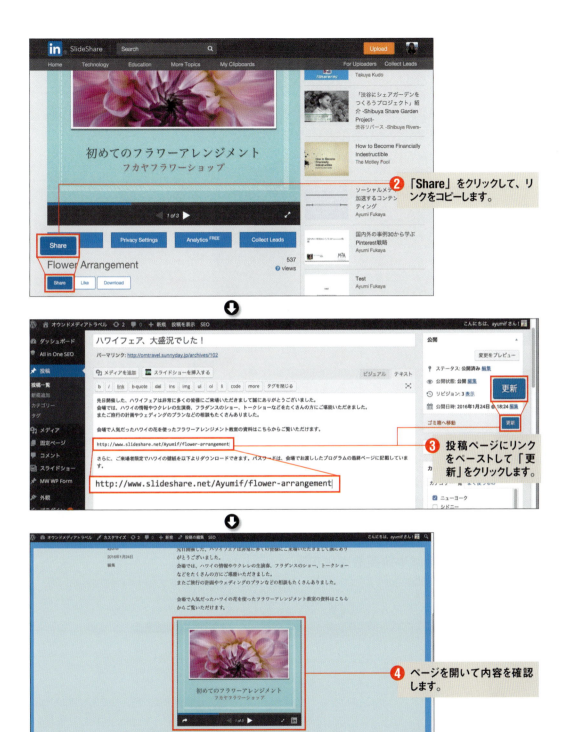

図3：SlideShareに公開した資料を投稿で表示

4 資料をダウンロードできるようにする（パスワード付き）

プラグイン「WordPress Download Manager」はファイルのダウンロードに特化したプラグインです。パスワードを付けることや、会員限定のコンテンツとして公開できます。また、有料のダウンロードコンテンツを用意することもできます。

ここでは、パスワードを付けて資料を公開する方法を紹介します（図4）。

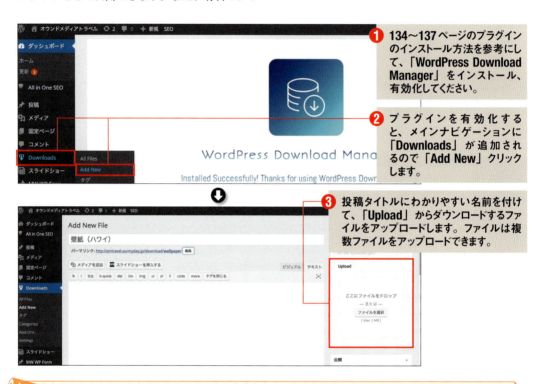

❶ 134〜137ページのプラグインのインストール方法を参考にして、「WordPress Download Manager」をインストール、有効化してください。

❷ プラグインを有効化すると、メインナビゲーションに「Downloads」が追加されるので「Add New」クリックします。

❸ 投稿タイトルにわかりやすい名前を付けて、「Upload」からダウンロードするファイルをアップロードします。ファイルは複数ファイルをアップロードできます。

> **Memo ファイル名は半角英数字にする**
> ダウンロードファイルに日本語を含めるとエラーが発生することがあるので、半角英数字でファイル名を指定しましょう。

❹ 画面を下にスクロールすると「Package Settings」の設定ができます（表1）。

項目	説明
Version	ファイルのバージョン
Link Label	ダウンロードリンクの名前を入力する
Stock Limit	ダウンロード数に制限を設ける時は上限を設定する
View Count	パッケージの表示数の設定やリセットができる
Download Count	ダウンロード数の表示やリセットができる
Allow Access	アクセス制限ができる

表1:「Package Settings」の設定（一部略）

❺「Link Label」はわかりやすい名前を設定します。他の項目は特に必要がなければ設定する必要はありません。

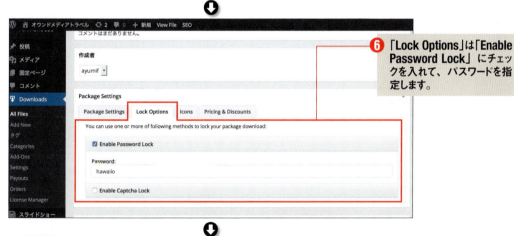

❻「Lock Options」は「Enable Password Lock」にチェックを入れて、パスワードを指定します。

❼「Icons」では、表示されるアイコンを選択します。

図4:資料をダウンロードできるようにする

04 イベントを中継して動画を組み込む

カメラやマイクなどの機材があればイベントを中継してみるとよいでしょう。最近はスマートフォンだけでもライブ配信ができますが、音声や画像などに限界があります。

説明の流れ
1 ライブ配信に必要な機材
2 Ustream を使ってライブ配信する

1 ライブ配信に必要な機材

　イベントやセミナーの様子をライブ配信をするには、専用の機材を用意しましょう。パソコンやスマートフォンだけでもライブ配信はできますが、音声や画像の品質が低いので、イベントやセミナーの中継には不向きです。

- ●パソコン
- ●カメラ
- ●マイク
- ●インターネット回線

2 Ustream を使ってライブ配信する

　ライブ配信サービスはいろいろなものがありますが、ビジネスで使いやすく、手軽に使えるサービスがUstreamです。Ustreamのライブ配信の詳細は、ヘルプなどをご確認ください。ここでは、Ustreamのライブ配信をWordPressのページに埋め込んで、再生する方法を紹介します（図1）。

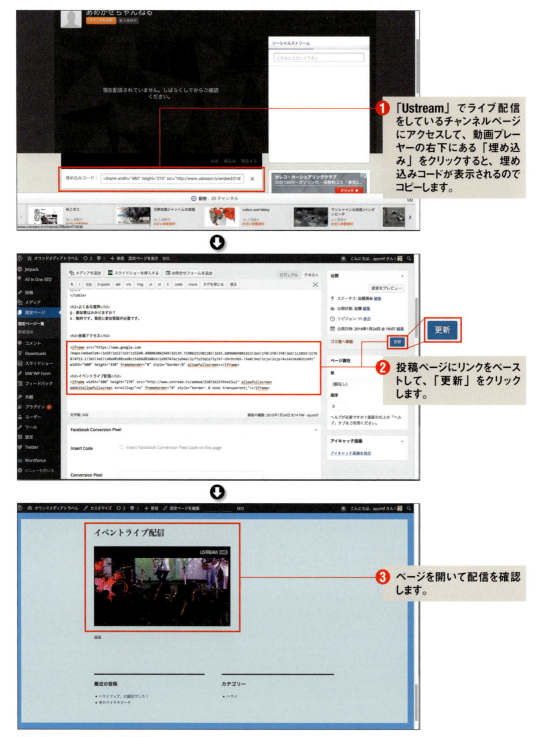

図1：Ustream を使ってライブ配信

Chapter 9

ECサイトと連係する

ECサイトをお持ちの場合は、オウンドメディアで商品を紹介し、オウンドメディアからECサイトに誘導するコンテンツを作成してみましょう。

01 オウンドメディアから ECサイトに誘導する

オウンドメディアからECサイトに誘導するためには、商品を購入したくなるように商品の魅力を伝えることが重要です。

説明の流れ
1. 商品の魅力を伝えるコンテンツとは
2. 投稿を使って、商品を紹介する
3. 写真を拡大表示して印象的に見せる
4. レビューを投稿できるようにする

1 商品の魅力を伝えるコンテンツとは

ECサイト内で伝えられる商品の魅力は限られています。商品が欲しくなるような情報をコンテンツにしてみましょう。例えば次のような情報を掲載できないか考えてみましょう。

- 商品の特徴
- 機能の特徴や活用方法
- 商品が生まれた背景
- 利用事例
- レビュー
- 商品に関連する豆知識
- 関連する商品
- メンテナンス・修理

ここでは商品の魅力を伝えるコンテンツを作成し、そのページ内に購入者がレビューを付けられるようにします。

2 投稿を使って、商品を紹介する

新規投稿を作成して、商品を紹介します。ここでは、ECサイトで販売しているアクセサリーを紹介するページを作成して、ECサイトへのリンクも付けます（図1）。

図1：ECサイトで販売しているアクセサリーを紹介するページを作成する

3 写真を拡大表示して印象的に見せる

画像をクリックすると、別ウィンドウが開きます。拡大画像を浮いたように表示することを「Lightbox表示」と呼びます（図2）。

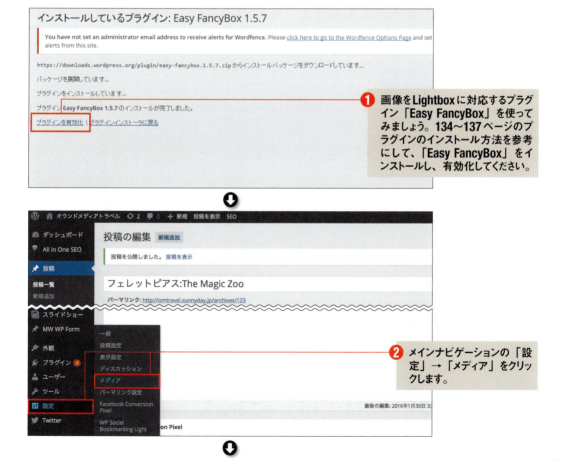

❶ 画像をLightboxに対応するプラグイン「Easy FancyBox」を使ってみましょう。134～137ページのプラグインのインストール方法を参考にして、「Easy FancyBox」をインストールし、有効化してください。

❷ メインナビゲーションの「設定」→「メディア」をクリックします。

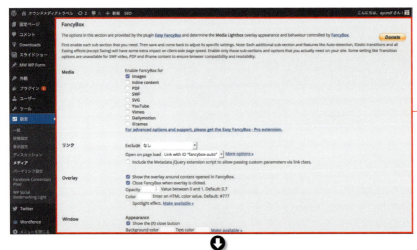

❸「FancyBox」の設定項目が追加されます。

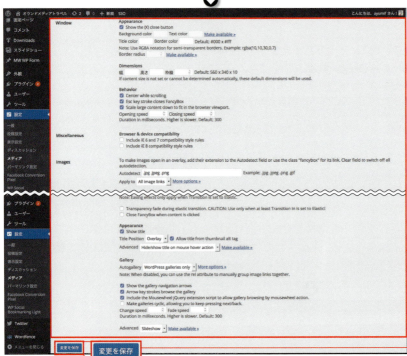

❹「FancyBox」の設定内容を確認して（表1）、変更の必要があれば変更して、「変更を保存」をクリックします。

項目	説明
Media	FancyBoxを適用するメディアの種類にチェックを入れる
リンク	除外設定、ページのロード設定を行う
Overlay	画像のオーバーレイの設定を行う
Window	開いたウィンドウの外観、サイズ、動作の設定を行う
Miscellaneous	IEのバージョン設定を行う
Images	画像を自動認識設定、浮き上がる時のトランジションの設定、タイトルの表示設定、ギャラリーの設定（ギャラリーの場合は矢印で次の画像を表示できる）などができる

表1：「FancyBox」の設定（一部略）

01 オウンドメディアからECサイトに誘導する

⑤ 投稿に画像を追加します。画像のリンク先は「メディアファイル」を指定します。

⑥ ページを更新し、表示を確認します。

図2：写真を拡大表示して印象的に見せる

4 レビューを投稿できるようにする

　ユーザーが商品の紹介ページにレビューを投稿できるようにします。コメントと評価を追加するプラグイン「WP Customer Reviews」を使ってみましょう（図3）。

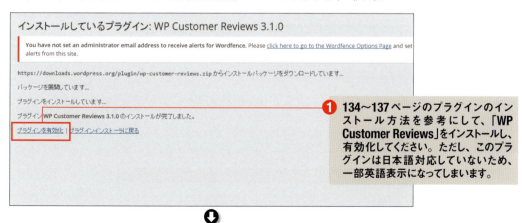

❶ 134～137ページのプラグインのインストール方法を参考にして、「WP Customer Reviews」をインストールし、有効化してください。ただし、このプラグインは日本語対応していないため、一部英語表示になってしまいます。

243

❷ プラグインを有効化すると、「WP Customer Reviews」のAboutページが表示されます。
一番下に「Powered by WP Customer Reviews」のリンクを入れるかどうかの質問があるので「Yes」または「No」をクリックします。

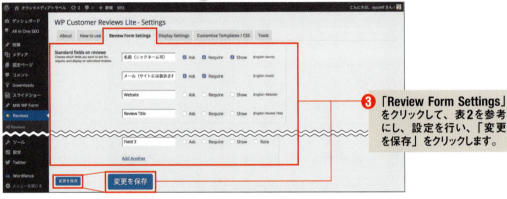

❸ 「Review Form Settings」をクリックして、表2を参考にし、設定を行い、「変更を保存」をクリックします。

項目		説明
Standard fields on reviews		レビューする人に入力してもらう項目を設定する
	Ask	項目を表示する場合にチェックを入れる
	Require	必須の場合はチェックを入れる
	Show	公開した時に表示する場合はチェックを入れる
Add Another		質問項目を増やす場合、追加して設定する

表2:「Review Form Settings」の設定

❹ 「Display Settings」をクリックして、表3を参考にして設定を行い、「変更を保存」をクリックします。

項目	説明
Reviews shown per page	ページに表示するレビューの数
Support us	クレジットを表示するかどうか

表3:「Display Settings」の設定

❺ レビューを掲載する投稿を開くと、編集画面の下に「WP Customer Reviews」の設定画面が表示されます。表4を参考にして設定して「更新」をクリックします。

項目	説明
Enable WP Customer Reviews for this page	チェックを入れてページの下にレビューを表示する
Hide review form	チェックを入れるとレビューの入力フォームを非表示にする
Review Format	ProductまたはBusinessを選択する。選択内容によってレビュー項目が変わる
Product Name	プロダクト名
Manufacture／Brand of Product	製造者、メーカー名
Product ID	ISBNなどのID
Business Name	会社名
Street Address	区町村名
City / Locality1～2	都市名
State / Region	都道府県名
Postal Code	郵便番号
Country	国名
Telephone	電話
Website URL	WebサイトのURL

表4：「WP Customer Reviews」の設定（Business Name から Website URL の画面省略）

Memo 投稿の中にレビューを表示する場合

投稿の中にレビューを表示する場合は、リスト1のショートコードを挿入して表示できます。

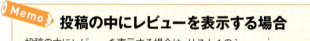

リスト1：ショートコード

❻ 投稿を表示するとレビューが投稿できるようになっています。「Create your own review」をクリックします。

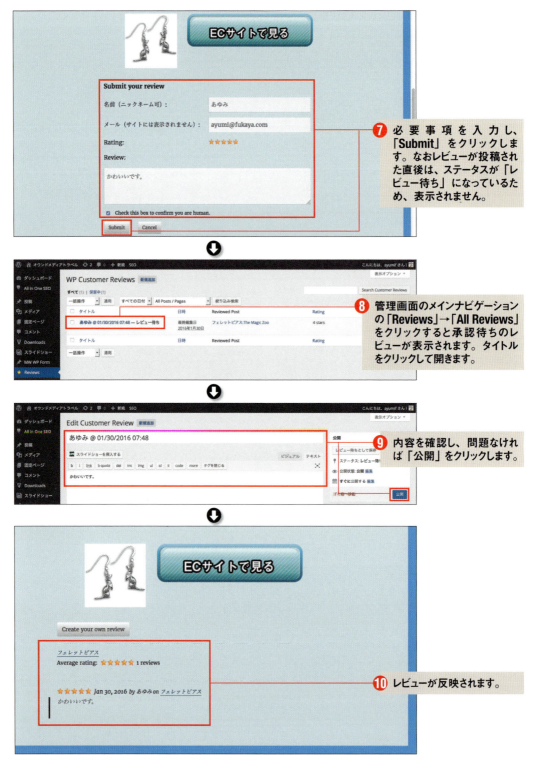

図3：レビューの投稿の設定

02 カタログページを作る

商品のカタログページを作成してみましょう。カタログからダイレクトにECサイトに誘導します。

説明の流れ
1. 商品のカタログページを作成する

1 商品のカタログページを作成する

WordPressに商品のWebカタログを用意してみましょう。利用するプラグインは「Ultimate Product Catalogue」です。このプラグインでは、商品を1つ1つ登録することもできますし、Excel（.xlsまたは.xlsxファイル）形式でまとめて登録することもできます。ここでは、商品を個別に登録していく方法を紹介します。

❶ 134〜137ページのプラグインのインストール方法を参考にして、「Ultimate Product Catalogue」をインストールし、有効化してください。

❷ プラグインを有効化すると、「Ultimate Product Catalogue」の設定画面が表示されます。

> **Memo 使い方ガイド**
> 使い方ガイドが表示されるので、参考にみておきましょう。
> またプラグインをインストールすると、デフォルトでサンプルのカタログとアイテムが登録されています。

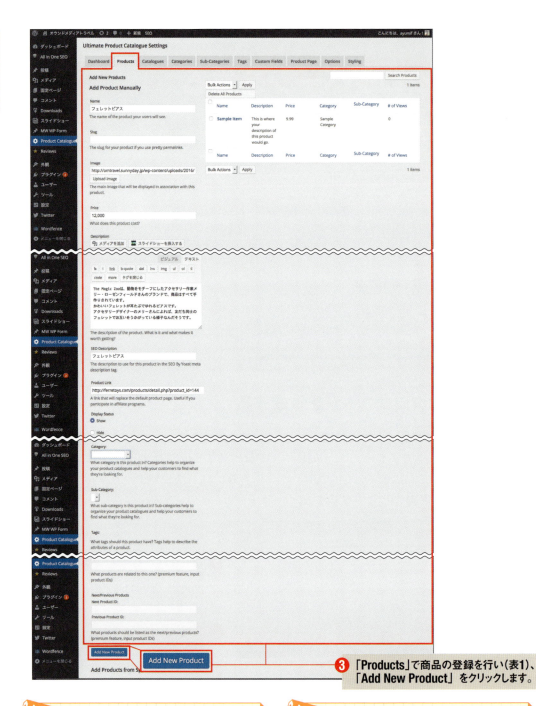

❸ 「Products」で商品の登録を行い(表1)、「Add New Product」をクリックします。

> **Memo** 有料プランについて
> Tags、Related Product、Next/Previous Productsは有料プランで利用できます。

> **Memo** 編集する時は
> 一度追加した商品を編集する時は、一覧から編集する商品の名前をクリックすると編集できます。

項目	説明
Name	商品名
Slug	URLのスラッグを指定できる
Image	画像のURLを指定するか、ファイルをアップロードする
Price	商品の価格
Description	商品の説明。画像も追加できる
SEO Description	「SEO by Yosat」というプラグインを利用する場合、SEOのディスクリプションとして追加される
Products Link	アフィリエイトプログラムに参加している場合、デフォルトのプロダクトページ以外のリンクを指定する
Display Status	カタログに表示する場合は「Show」、非表示にする場合は「Hide」を選択する
Category、Sub-Category	商品を分類するカテゴリーを指定できる。どちらも、「Categories」で設定しておくと選択できる

表1:「Products」の設定（一部略）

❹「Catalogues」でカタログの登録を行い（表2）、「Add New Catalogue」をクリックします。

項目	説明
Name	カタログの名前。カタログの名前は、管理用。カタログ単位で、固定ページや投稿に組み込む
Description	カタログの説明
Custom CSS	カタログのデザインをCSSでカスタマイズする

表2:「Catalogues」の設定

POINT　カタログへの商品の追加

カタログを追加すると、右側に一覧で表示されるので、カタログ名をクリックすると、カタログの編集ができます。編集画面でカタログに追加する商品を選択できます（図1）。

図1：カタログへの商品の追加

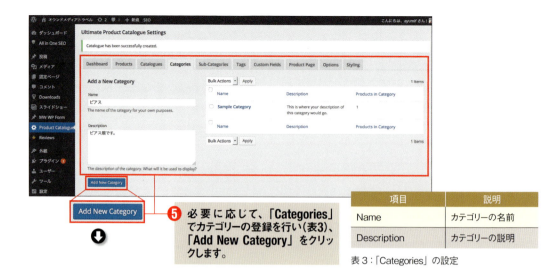

❺ 必要に応じて、「Categories」でカテゴリーの登録を行い（表3）、「Add New Category」をクリックします。

項目	説明
Name	カテゴリーの名前
Description	カテゴリーの説明

表3：「Categories」の設定

POINT　カテゴリーへの商品の追加

カテゴリーを追加すると、右側に一覧で表示されるので、カテゴリー名をクリックすると、カテゴリーの編集ができます（図2）。編集画面でカテゴリーに追加する商品を選択できないので、商品の登録でカテゴリーを指定します。

図2：カテゴリーの設定

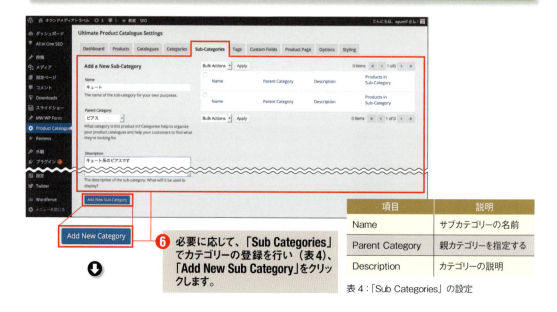

❻ 必要に応じて、「Sub Categories」でカテゴリーの登録を行い（表4）、「Add New Sub Category」をクリックします。

項目	説明
Name	サブカテゴリーの名前
Parent Category	親カテゴリーを指定する
Description	カテゴリーの説明

表4：「Sub Categories」の設定

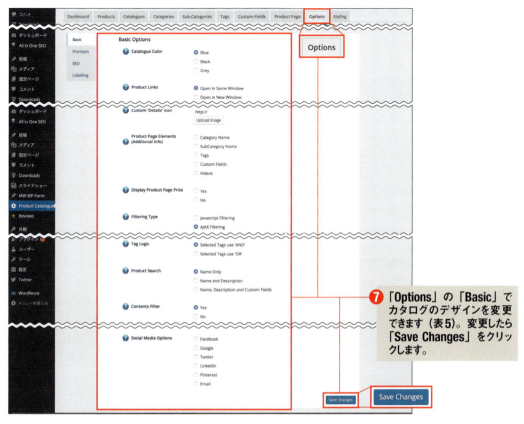

❼ 「Options」の「Basic」でカタログのデザインを変更できます（表5）。変更したら「Save Changes」をクリックします。

項目	説明
Catalogue Color	カタログの色
Product Page Elements	プロダクトページの表示項目
Display Product Page Price	価格表示の有無
Product Search	サイト内の検索で検索対象とするもの
Social Media Options	プロダクトページにおけるソーシャルメディアのシェアボタンの設定

表5：「Options」の設定（一部略）

❽ 商品カタログを掲載する投稿または固定ページを作成します。

02 カタログページを作る

図3：商品のカタログページを作成

03 会員限定のコンテンツを作成する

会員登録、会員ログインが必要な会員限定コンテンツを作ってみましょう。
PayPalによる決済機能を使って有料会員の登録もできます。

説明の流れ

1. 会員制サイトを作るには
2. 会員レベルを作成する
3. 基本的な会員設定を行う
4. PayPal決済の設定をする
5. 登録の完了メールを設定する
6. 会員登録フォームを確認する
7. 会員についての紹介ページを書き直す
8. 限定公開の設定をする

1 会員制サイトを作るには

オウンドメディアで会員制サイトを作ってみましょう。今回作成する会員制サイトの条件は次のように設定しました。

- 会員登録ができる
- 会員のランク分けができる
- 会員限定のコンテンツ
- 本文の途中から、会員限定に切り替える
- 会員ランク限定のコンテンツ
- 有料会員に対応

❶ ここで利用するのは、WordPress上で会員管理ができる「Simple Membership」を使います。134〜137ページのプラグインのインストール方法を参考にして、「WP Customer Reviews」をインストールして、有効化してください。

図1:「Simple Membership」の有効化

注意! 本格的な会員制サイトには不向き

「Simple Membership」はWordPressのユーザー登録機能を使っています。ユーザー数の多い会員制サイトを本格的に作成したい場合は、WordPressは不向きです。あくまで簡易的な会員制サイトとして、利用しましょう。

Memo 翻訳ファイルを有効化するには

「Simple Membership」は日本語の翻訳ファイルが同梱されていますが、ファイル名を変更しないと反映されない場合があります。日本語で利用する場合は、右のようにファイル名の変更を行います。

❶ FTPでWordPressにアクセスしてから、**wp-config.php**を開いて、**define ('WPLANG', 'ja');**となっていることを確認する（WordPressを日本語で利用するという設定）

❷ 「Simple Membership」のプラグインの次のディレクトリを開く

/wp-content/plugins/simple-membership/languages/

❸ そのディレクトリにある**swpm-ja_JA.mo**のファイル名を**swpm-ja.mo**に、**swpm-ja_JA.po**のフィル名を**swpm-ja.po**に変更する

2 会員レベルを作成する

会員レベルを作成します（図2）。会員レベルとは、無料プラン、有料プランなどのレベルでIDが割り当てられます。会員レベルIDは、以降の会員設定でも必要になるものなので、先に設定します。

❶ プラグインを有効化すると、メインナビゲーションに「WP Membership」が表示されるので「会員の種類」をクリックします。

03 会員限定のコンテンツを作成する

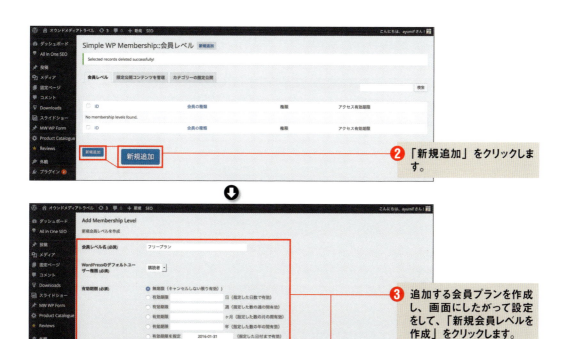

② 「新規追加」をクリックします。

③ 追加する会員プランを作成し、画面にしたがって設定をして、「新規会員レベルを作成」をクリックします。

> **Memo** 権限は購読者にする
>
> コンテンツの閲覧の管理をするための会員サイトなので権限は購読者を選択してください。それ以上の権限を与えるとWordPressの管理画面にログインできてしまうので、セキュリティのリスクが高まります。

④ 会員レベルが追加されます。

図2：会員レベルの作成

Chapter 9 ECサイトと連携する

3 基本的な会員設定を行う

❶ メインナビゲーションで「WP Membership」→「設定」をクリックします。「基本設定」（表1）で全般的な設定を行います。

項目	説明
無料会員を有効化	無料会員を有効にする場合、チェックを入れる
無料会員のレベルID	無料会員のレベルIDを指定する。レベルIDは、レベル登録後の一覧から確認できる
Moreタグ以下のコンテンツを限定公開にする	Moreタグ（続きを読むのタグ）以降を限定公開にする場合、チェックを入れる
Adminバーを隠す	通常ログイン後WordPressの管理者バーが表示されるが、チェックを入れると非表示になる
Show Adminbar to Admin	管理者には管理者バーを表示する場合、チェックを入れる
デフォルトアカウントステータス	デフォルトのアカウントの有効／無効を設定する。無効にした場合は、ユーザー登録されたら、管理者が手動で有効にする
Allow Account Deletion	ユーザーが自分のアカウントを削除することを許可する場合にチェックを入れる
Auto Delete Pending Account	ペンディングアカウントの自動削除を有効にする場合、チェックを入れる

表1：「基本設定」の設定

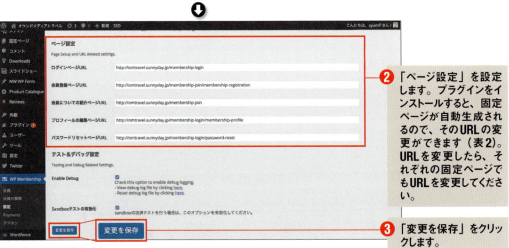

❷ 「ページ設定」を設定します。プラグインをインストールすると、固定ページが自動生成されるので、そのURLの変更ができます（表2）。URLを変更したら、それぞれの固定ページでもURLを変更してください。

❸ 「変更を保存」をクリックします。

図3：「ページ設定」の設定

項目	URL
ログインページURL	会員がログインするページのURL
会員登録ページURL	新規会員登録ページのURL
会員についての紹介ページURL	会員の種別や登録方法などについて説明するページのURL
プロフィールの編集ページURL	会員が自分のプロフィールの編集をできるページのURL
パスワードリセットページURL	会員がパスワードをリセットするページのURL

表2：「ページ設定」の設定

❹ 次に「テスト&デバック設定」を行います（表3）。「変更を保存」をクリックします。

項目	説明
Enable Debug	デバックを有効にする場合にチェックを入れる
Sandboxテストの有効化	有料会員の決済テストを有効にする場合にチェックを入れる

表3：「テスト&デバック設定」の設定

4 PayPal決済の設定をする

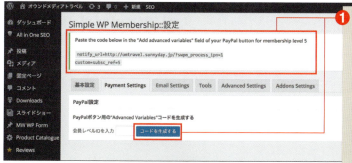

❶ メインナビゲーションの「WP Membership」→「設定」をクリックします。「Payment Settings」（支払い設定）でPayPalの購入ボタンに付けるコードを出力します。会員レベルIDを入力：有料会員のレベルIDを入力して、「コードを生成する」をクリックすると画面上部にコードが表示されます。ボタンを生成すると、コードが出力されます。このコードは「会員についての紹介ページ」で利用します。

POINT　PayPalの購入ボタンを作成する

PayPalの購入ボタンを利用するには、PayPalのアカウントの作成が必要です。
購入ボタンを作成するには、以下のURLをクリックして、画面にしたがって設定を行います（図4）。

・ウェブ ペイメント スタンダード: 概要
URL https://www.paypal.com/jp/webapps/mpp/website-payments-standard

図4：ウェブ ペイメント スタンダード：概要

「購入」ボタンの設定の「高度な機能をカスタマイズする」にある、「高度な変数」で出力したコードをコピーして、「ボタンを作成」をクリックします。

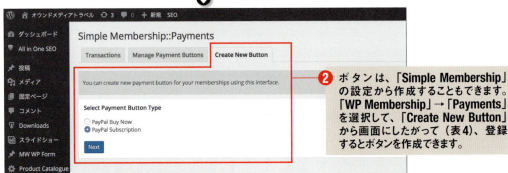

❷ ボタンは、「Simple Membership」の設定から作成することもできます。「WP Membership」→「Payments」を選択して、「Create New Button」から画面にしたがって（表4）、登録するとボタンを作成できます。

項目	説明
Button Title	ボタンのタイトル
会員の種類	選択する
Payment Currency	通貨を設定する
PayPal Email	PayPalアカウントのメールアドレス
Billing Amount Each Cycle	サイクルごとの請求額
Billing Cycle	支払いサイクル
Billing Cycle Count	支払いサイクルの回数（回数を超えると、自動的に停止になる）
Re-attempt on Failure	チェックを入れると再試行できる回数を2回までに制限する
Trial Billing Details	お試し期間を設ける場合は設定する
Optional Details	支払いが完了した時に表示されるページを指定したり、ボタン画像を指定したりする

表4：「Create New Button」の設定（一部略）

❸ 「Manage Payment Buttons」で追加したボタンのショートコードが表示されます。ボタンを追加する場所にコピーしたコードをペーストします。

図5：ボタンのショートコードを取得する

5 登録の完了メールを設定する

登録の完了メールを設定します（図6）。この設定画面で、他にもパスワードリセットのメールやアップグレードのメールも作成できます。

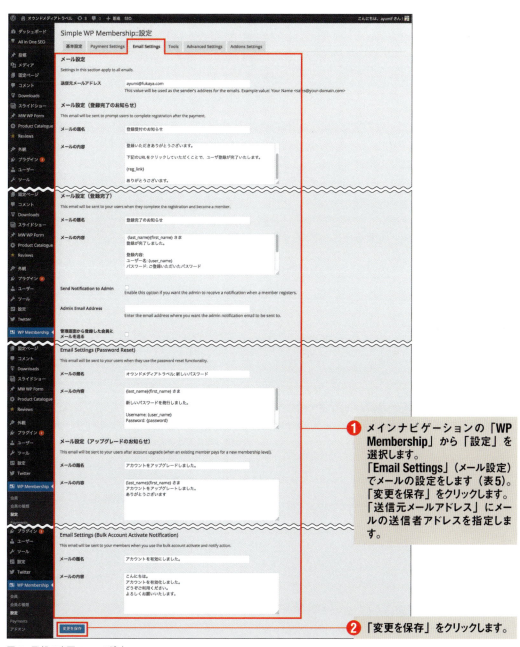

❶ メインナビゲーションの「WP Membership」から「設定」を選択します。
「Email Settings」（メール設定）でメールの設定をします（表5）。
「変更を保存」をクリックします。
「送信元メールアドレス」にメールの送信者アドレスを指定します。

❷ 「変更を保存」をクリックします。

図6：登録の完了メールの設定

項目	説明
メール設定（登録完了のお知らせ）	登録後、本人確認のURLを送付する時に送信するメール
メール設定（登録完了）	URLクリックの認証後、本登録された後に送信するメール
Email Settings (Password Reset)	パスワードのリセットの時のメール
Send Notification to Admin	管理者に通知する場合にチェックを入れる
Admin Email Address	管理者通知メールの送信先を指定する
メール設定（アップグレードのお知らせ）	アカウントのアップグレードのお知らせメール
Email Settings (Bulk Account Activate Notification)	アカウントの有効化の一斉配信のお知らせメール
メールの題名	メールタイトル
メールの内容	メール本文。{}は入力フォームの内容から自動的に生成される。デフォルトで文章が入っているので、日本語に修正するとよい
管理画面から登録した会員にメールを送る	管理画面から管理者が手動でユーザーを追加した時に、相手にメールで通知する

表5：「Email Settings」の設定（一部略）

```
{last_name}{first_name} さま

登録いただきありがとうございます。

下記のURLをクリックしていただくことで、ユーザー登録が完了いたします。

{reg_link}

ありがとうございます。
```

リスト1：登録完了の配信メールの例

> **Memo　登録完了メールのパスワード**
>
> デフォルトの設定では、登録完了後のメールにパスワードをお知らせするようになっていますが、パスワードをそのまま送信するのは危険なため、チェックを外して送るようにするとよいでしょう。

6 会員登録フォームを確認する

会員登録フォームを確認します（図7）。

① プラグインをインストールすると、会員登録のフォームやログインフォームなどは自動生成されます。ページを開くとすでにショートコードが入っており、そのまま利用できます。タイトルなどを適切なものに変更してください。

図7：会員登録フォームを確認

> **Memo　会員登録、ログインを促す**
>
> ショートコードは、コピーすれば他のページやサイドバーなどにも表示できます。
>
> メニュー等に「ログイン」のリンクを張るなどして、ログインや会員登録を促しましょう。

7 会員についての紹介ページを書き直す

会員についての紹介ページは、会員登録について説明したページです。プラグインをインストールすると、デフォルトで英語の説明が入っているので、適宜日本語に翻訳して公開します。会員登録の誘導ページはこのページになります（図8）。

① 会員についての紹介ページを編集します。有料プランを用意している場合は257〜258ページで紹介したPayPalのボタンコードを挿入します。「更新」をクリックして保存しページを確認します。

図8：会員についての紹介ページを書き直す

8 限定公開の設定をする

投稿、固定ページのどちらでも限定コンテンツにできます（図9）。

❶ 限定公開にする固定ページまたは投稿を開きます。編集画面の下に、「Simple WP Membership 限定公開」があり、限定コンテンツの設定ができます（表6）。

項目	説明
このコンテンツを限定公開にしますか?	
No, Do not protect this content.	限定コンテンツにしない
Yes, Protect this content.	限定コンテンツにする
このコンテンツを閲覧できる会員レベルを選択してください	コンテンツにアクセスできるレベルを指定する

表6：「Simple WP Membership 限定公開」の設定

❷ 「更新」をクリックして反映し、表示を確認します。

図9：会員限定コンテンツの例

Chapter 10

制作したページの
アクセスを解析して
改善する

オウンドメディアの運用では、効果を検証してみましょう。効果を検証するには、アクセス解析ツールを利用します。本書ではGoogleアナリティクスを使ったアクセス解析について紹介します。

01 オウンドメディアの効果測定を準備する

オウンドメディアを始めたら効果測定をして施策の妥当性を検証しましょう。施策が目標としたゴールを達成するために効果があるのか、どこを改善するべきなのかを見極めます。

オウンドメディアでどれくらい集客できているのか

オウンドメディアは、自ら情報を発信し、ユーザーとのコミュニケーションができると説明しましたが、発信した情報が届きたい相手に届いているのかを検証する必要があります。

検索サイトで、ターゲットとするキーワードを入力して何番目に表示されるかを検証して検索順位をチェックする方法もありますが、

- どんなキーワードで訪れているのか
- 訪問者がどのページを閲覧しているのか
- どのくらい滞在しているのか
- アクセスの流入元はどこか

といった詳細な情報はアクセス解析ツールを利用しないと確認できません。また、コンテンツが増えるに連れて、アクセス数やユーザー数も変化していきます。SEOの効果も、オウンドメディアを開始してから数ヶ月で出てくることもあるので、長期間の施策として評価します。

Googleアナリティクスのコードを挿入するには

Googleアナリティクスは、Googleが提供する無料のアクセス解析ツールです。Googleアナリティクスを利用するには、Googleアナリティクスのアカウントを取得して、Webサイトにあらかじめトラッキングコードを設定しておく必要があります。

- Googleアナリティクス
  URL https://www.google.com/intl/ja/analytics/

左のアドレスからアカウントを作成、またはログインして利用を開始します。Googleアナリティクスを設定すると、サイトごとにトラッキングコードが発行されます。トラッキングコードは、トラッキングするすべてのページに貼り付けます。

WordPressの場合は、プラグインを利用すると便利です。171ページで取り上げた「All in One SEO Pack」にGoogleアナリティクスの設定をする機能があるので利用しましょう。

「All in One SEO Pack」にGoogleアナリティクスの設定をする

① Googleアナリティクスにログインして「アナリティクス設定」から「新しいアカウント」を作成し、「トラッキングコードを取得」をクリックします。

② トラッキングIDが表示されるのでメモしておきます。

01 オウンドメディアの効果測定を準備する

Chapter 10 制作したページのアクセスを解析して改善する

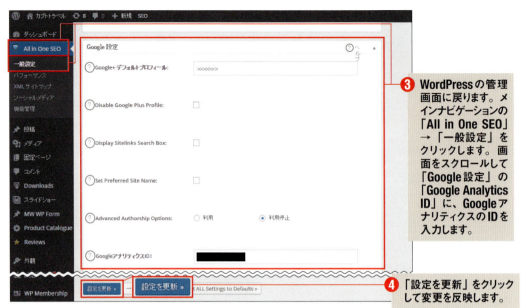

図1:「All in One SEO Pack」にGoogleアナリティクスを設定

Memo Google アナリティクスのID

Googleアナリティクスを取得すると、UA-で始まるトラッキングIDが表示されます。これがアナリティクスのIDです。

Memo アクセスの除外

WordPressの管理者など特定のメンバーのアクセスを除外してカウントする場合は、「Exclude Users From Tracking」で除外するユーザーを指定します。

Memo コードが正しく設定されたことを確認する

コードが正しく反映されたことを確認するために、ソースコードを検索してGoogleアナリティクスのトラッキングIDが挿入されていることを確認します。

また、Googleアナリティクスの「リアルタイム検索」の「サマリー」で確認してみると、自分のアクセスを確認できます（図2）。

図2:リアルタイム検索で、自分のアクセスが表示されることを確認する

ウェブマスターツールの登録をする

ウェブマスターツールは、Googleが提供するWebサイトの管理者向けのツールで、Webサイトの評価やエラーなどの情報を確認できます（図3）。

●ウェブマスターツール（Search Console）
URL https://www.google.com/webmasters/tools/

❶ ウェブマスターツールの「プロパティを追加」をクリックして、URLを指定します。

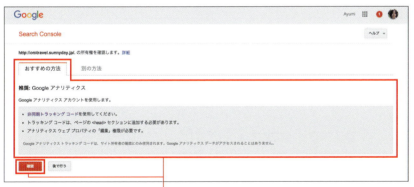

図3：ウェブマスターツールの登録

❷ 「所有権の確認」を求められます。所有権の確認とは、登録したWebサイトの管理者であることを証明するものです。確認のための方法としては、いくつかありますが、トラッキングコードによる確認方法が「おすすめ」として表示されます。前述した方法で、すでにトラッキングコードを挿入している場合は、「確認」をクリックすれば、完了です。確認方法には、HTMLファイルをアップする方法などもあります。トラッキングコードを利用できない場合などは、その他の方法で確認します。

❸ ウェブマスターツールに登録できたら、サイトマップを送信します。サイトマップとは、サイトのページのリストで、Googleや他の検索エンジンにサイトのコンテンツの構成を伝えるファイルです。サイトマップも、「All in One SEO」が生成していますので確認して送信します。サイトマップの生成については174〜176ページで紹介しています。

サイトマップを送信する

サイトが新しく、外部からのリンクが少ない場合は、Googleがクロールしにくいので、サイトマップを送信してクロールして、Googleのインデックスに登録してもらうようにしましょう。

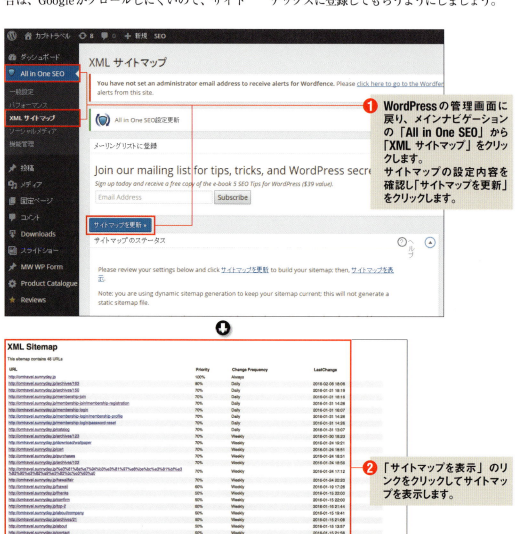

① WordPressの管理画面に戻り、メインナビゲーションの「All in One SEO」から「XML サイトマップ」をクリックします。
サイトマップの設定内容を確認し「サイトマップを更新」をクリックします。

② 「サイトマップを表示」のリンクをクリックしてサイトマップを表示します。

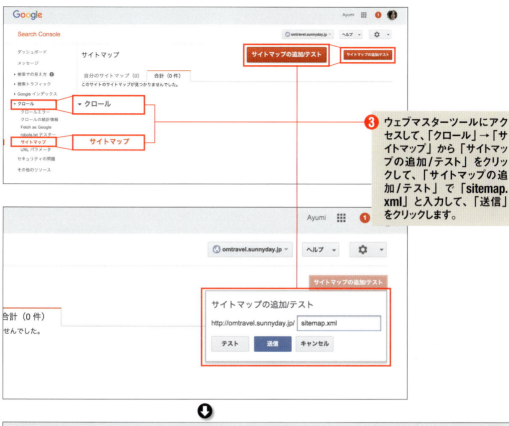

❸ ウェブマスターツールにアクセスして、「クロール」→「サイトマップ」から「サイトマップの追加/テスト」をクリックして、「サイトマップの追加/テスト」で「sitemap.xml」と入力して、「送信」をクリックします。

図4：Googleのインデックスに登録

❹ 追加されると、サイトのページの数が表示されます。

ウェブマスターツールのメッセージを確認する

　ウェブマスターツールには、Googleから「メッセージ」が送信されます（図5）。メッセージには、クロールエラーの情報、サイトの問題、ペナルティ（不自然なリンクなど）のお知らせなどがあるので、チェックして対応できる問題は対応しましょう。

図5：ウェブマスターツールで確認できるメッセージの例

検索クエリを確認する

　ウェブマスターツールの「検索アナリティクス」の「クエリ」では、どんな検索キーワードで検索結果に表示され、クリックされたのかを表示します（図6）。

　また、表示されているのにクリックされていない場合は、検索結果の表示などに問題があることがあります。該当のページのSEOタイトル、ディスクリプションを見直しましょう。

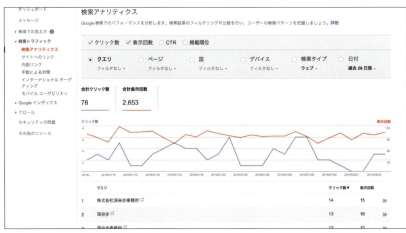

図6：ウェブマスターツールの「検索アナリティクス」の「クエリ」

> **Memo** **サイトへのリンク**
>
> ウェブマスターツールの「検索アナリティクス」の「サイトへのリンク」では（図7）、外部のサイトでのリンク設定やリンク設定されたページがわかります。コンテンツによっては、外部からのリンクを集める記事（参照される記事）などの傾向がわかります。

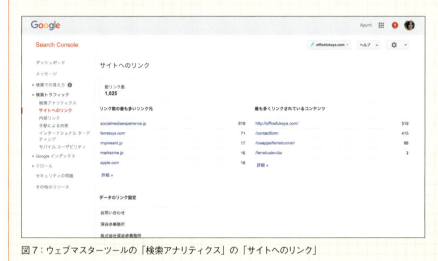

図7：ウェブマスターツールの「検索アナリティクス」の「サイトへのリンク」

インデックスステータスを確認する

「Googleインデックス」から「インデックスステータス」をクリックすると（図8❶❷）、サイトのインデックス状況が表示されます。「インデックスに登録されたページの総数」とは、検索結果に表示されるURLと、Googleが別の方法で検出する可能性があるその他のURLの総数です。クロール数に比べて少なくなるのが一般的ですが、半分以下などあきらかに少ない場合は、クローラが正しく巡回できていなかったり、エラーがあったりと、何らかの問題がある場合があるので、チェックしてみましょう。

クロールについては、「クロール」→「クロールエラー」で確認できます（図9❶❷）。クロールの必要のないコンテンツ以外でエラーが出ている場合は、サイトの構造や設定に問題があるので、確認してください。コンテンツを削除したのにサイトマップが更新されていないために404エラー（Not Found）になっている場合や、サーバーが正しく稼働せずに500エラー（Internal Server Error）がある場合など、原因がわかる場合は対処してください。

図8：インデックスステータスを確認

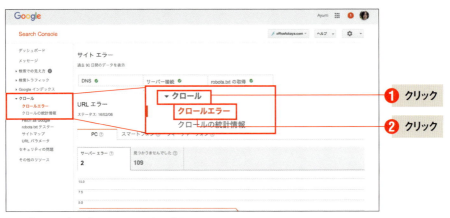

図9：「クロール」→「クロールエラー」で確認

Google アナリティクスで目標を設定する

　Googleアナリティクスでは、問い合わせや会員登録、滞在時間、シェアなど、目標となる行動をコンバージョンとしてメニューの設定ができます。

　Googleアナリティクスの「アナリティクス設定」をクリックして表示される画面から「目標」をクリックして（図10❶）、「＋新しい目標」をクリックします❷。目標設定はテンプレートまたはカスタマイズで設定します❸。

　URLを設定する場合は、問い合わせの完了画面のURL、イベントの申し込み完了のURLなどを指定するとよいでしょう。

図10：Google アナリティクスから、目標を設定する

02 Googleアナリティクスを使ったアクセス解析

Googleアナリティクスを利用する準備ができたら、実際にアクセス解析をしてみましょう。Googleアナリティクスでは、さまざまなデータを確認できるので、押さえておきたい項目を整理します。

Googleアナリティクスでサイト全体の状況を見る

　Googleアナリティクスのデータを活用するには、ある程度データが蓄積されてからでないと意味がありませんので、オウンドメディアを開始してから1ヶ月くらい経ってから評価、分析をしましょう。

ユーザーサマリー

　「ユーザー」（図1❶）→「サマリー」❷でサイト全体のアクセス状況などを確認できます❸。基本的な数値を一通り確認できるので、定点観測の値として追っていくとよいでしょう。

図1：ユーザーサマリー

集客サマリー

「ユーザー」(図2❶) →「サマリー」❷でアクセスの流入元を確認できます❸ (表1)。

項目	説明
Organic Search	検索経由のアクセス
Direct	URLを直接指定してアクセス(URL指定、ブラウザのお気に入り、メールのリンクなど)
Referral	他のサイトからのリンク経由のアクセス
Social	ソーシャルメディア経由のアクセス
Paid Search	リスティング広告からのアクセス

表1：主な流入元

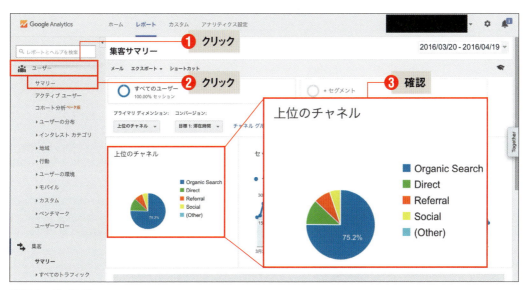

図2：ユーザーサマリー

行動サマリー

「行動」(図3❶) →「サマリー」❷でコンテンツのアクセスランキングを確認できます。「ページ」だとURL表記ですが「ページタイトル」を選択すると、ページのタイトルを表示できます❸。

さらに詳しくコンテンツの閲覧状況を見るには、「行動」(図4❶) →「サイトコンテンツ」❷→「すべてのページ」❸で、ページビュー数、滞在時間、直帰率などを確認できます❹。アクセスが多くても離脱が高いページや、滞在時間が短いページはコンテンツの見直しが必要です。

図3：行動サマリー①

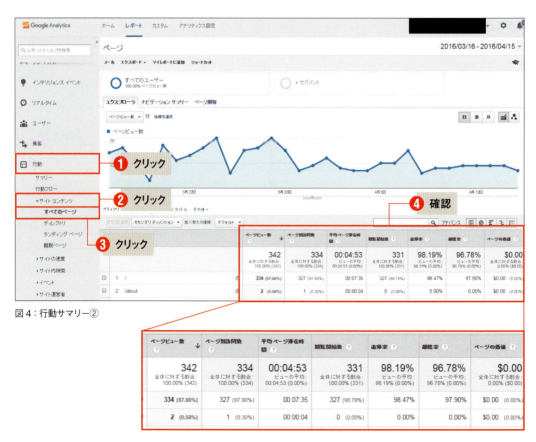

図4：行動サマリー②

検索キーワードからのアクセスを確認する

どのようなキーワードでオウンドメディアに流入をしているのかを調べるには、「集客」→「キャンペーン」（図5❶）→「オーガニック検索トラフィック」❷をクリックします。

これで検索キーワードが調べられますが❸、ほとんどが「not provided」と表示されるでしょう。これは、Googleが検索ページの表示をHTTPSによる暗号化通信にしたため、ユーザーの検索ワードを確認できなくなってしまったのが原因です。

数％はまだ検索キーワードが見られるのでどんなキーワードが多いのかを見てみましょう。また、267ページで紹介したウェブマスターツールの「検索クエリ」も併せて確認してください。

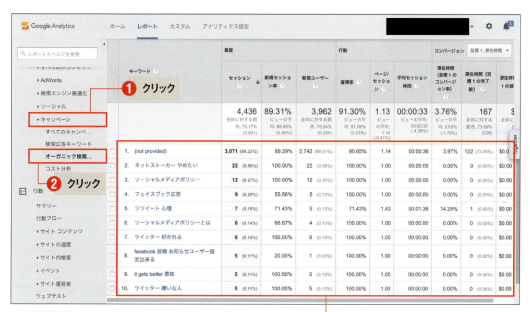

図5：自然検索のキーワードを調べる

ランディングページと離脱ページを調べる

　Webサイトのトップページからユーザーが訪れるとは限りません。どのページがランディングページになっているかを確認するには、「行動」(図6❶)→「サイトコンテンツ」❷→「ランディングページ」❸をクリックして確認します❹。

　一方で、サイトから離脱した離脱ページを確認するには、「行動」(図7❶)→「サイトコンテンツ」❷→「離脱ページ」❸をクリックします。極端に離脱が高いページは改善しましょう❹。

　特にランディングページとしてのアクセスが多く、離脱も高いページは早く対策したほうがよいページです。そのページのコンテンツの改善、誘導の改善などをするだけで、回遊率を向上し、滞在時間を長くします。

図6：ランディングページを調査

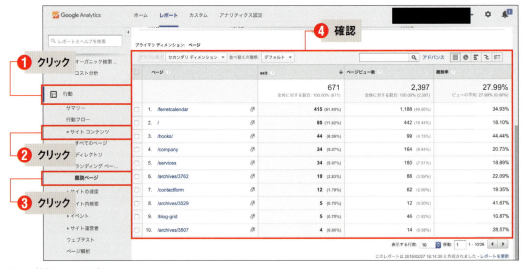

図7：離脱ページを調査

コンバージョンを確認する

　273ページで説明した目標を設定した場合、達成状況を確認できます。「コンバージョン」（図8❶）→「目標」❷→「サマリー」❸から確認します❹。

図8：コンバージョンを確認

03 Webマーケティング戦略として サイトの改善を考える

施策に活かすためのサイト改善の考え方を紹介します。

期間を比較して分析する

アクセス解析は、その期間だけの数値を見ても分析できません。前月、前前月の数値、1年前の同時期の数値を比較して、どのような変化があったのかを見てみましょう。

オウンドメディアでは、時間の経過とともにコンテンツが増えていくので、セッション数、PV数も増えていくものです。もし、コンテンツの数が増えても、アクセス数、PV数が伸びないのであれば、コンテンツ内容に問題があると考えられます。

長期間分析すると、夏に人気になるコンテンツ、休み前に人気になるコンテンツなど、コンテンツのトレンドが見えてきます。こうしたトレンドがわかれば、その前に関連するコンテンツに重点を置いてアップするなどの対策ができるようになります。

アクセスが急増した原因を考える

オウンドメディアを運営していると、爆発的に人気になるコンテンツがあります。そのコンテンツがどういう経路でアクセスされているのかを見ると人気の理由がわかります。

コンテンツのアクセス元を調べるには、Googleアナリティクスの「行動」(図1❶)→「サイトコンテンツ」❷の「すべてのページ」❸でアクセスが急増しているコンテンツをクリックし❹、「セカンダリディメンション」→「集客」→「参照元/メディア」❺を選択します。これでそのコンテンツへのアクセス元がわかります❻。

気づかないうちに、メディアに取り上げられていた、プレスリリースがニュースとして掲載されたということがあるので、アクセス急増の原因を調べましょう。またこうしたアクセス増を再現できるかどうか、その条件などを考えてみましょう。

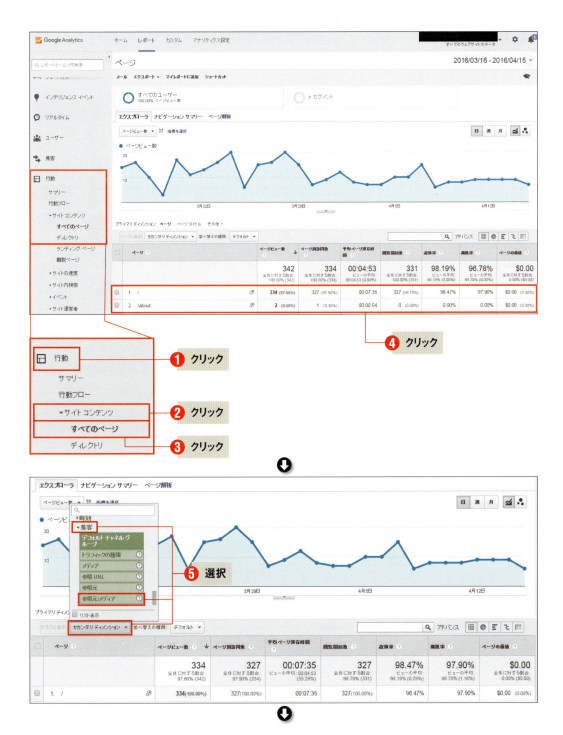

図1：コンテンツのアクセス元を調べる

コンテンツの見直し

　公開してから期間が経っても人気のコンテンツというのがあります。しかし、コンテンツの内容が古くなっていることがあります。新しいコンテンツを新規に作成してもいいのですが、そのリンクへのアクセスが多い場合は、コンテンツをリライトするという対策も有効です。

　リライトとは、コンテンツの大筋は変更せずに、アップデートされた部分を書き直す作業です。新しくコンテンツを作成するよりも簡単ですし、そのコンテンツがこれまでに獲得した被リンクや、ソーシャルメディアのシェアをそのまま活かすことができます。

　定期的にコンテンツを見直して、リライトするのか、新規にコンテンツを用意するのかを、検討しましょう。

Appendix

簡単・便利な WordPressプラグイン

現在、さまざまな WordPress プラグインが公開されています。
Appendix では、実現したいことに合わせた、便利なプラグインを紹介します。

Jetpack by WordPress.com
WordPressサイトの管理をより簡単に

サイトのアクセス情報や訪問者の統計情報表示、セキュリティ対策（不正ログイン対策、プラグイン更新管理など）、画像表示の高速化などの機能があるプラグインです。

WordPress.orgプラグインページ
https://wordpress.org/plugins/jetpack/

Yoast SEO
初心者でも使いやすいSEO対策のプラグイン

サイト全体およびページコンテンツごとのタイトル、ディスクリプション、キーワードのメタタグを管理できます。サイトのSEO評価、XMLサイトマップ生成などの機能も用意されています。

WordPress.orgプラグインページ
https://wordpress.org/plugins/wordpress-seo/

WordPress Popular Posts
人気コンテンツを表示してサイト内の回遊率をアップ

ウィジェット形式で、アクセスの多い投稿を表示します。表示方法はカスタマイズでき、表示する投稿の数の設定、サムネイル画像の表示、計測するアクセス期間などを指定できます。

WordPress.orgプラグインページ
https://wordpress.org/plugins/wordpress-popular-posts/

WordPress Related Posts
関連コンテンツを表示してサイト内の回遊率をアップ

コンテンツの下に、関連する記事を表示するプラグインです。関連は、カテゴリー、タグなどから自動判別されて表示されます。サムネイル画像表示、投稿の数、除外設定などに対応しています。

WordPress.orgプラグインページ
https://wordpress.org/plugins/wordpress-23-related-posts-plugin/

Ptengine - Heatmap Analytics
ヒートマップアクセス解析でコンテンツを改善

アクセス解析だけでなく、ユーザーがクリックする場所、離脱ポイント、よく見ている場所などをヒートマップで表示する解析ツールです。ユーザーのページでの動きをサイト改善に役立てられます。

WordPress.orgプラグインページ
https://wordpress.org/plugins/ptengine-real-time-web-analytics-and-heatmap/

Widgets on Pages
ページ内にウィジェットを配置する

ショートコードまたはテンプレートタグを使って、ウィジェットを投稿やページ内に配置します。例えば、投稿ページ下にバナー画像を配置します。画像を変更する時は、ウィジェットの画像指定を変更すれば、全ページ変更されるので管理が容易です。

WordPress.orgプラグインページ
https://wordpress.org/plugins/widgets-on-pages/

Instant Articles for WP
Facebookのインスタント記事に対応

Facebookは、モバイルのFacebookアプリから外部サイトの記事を閲覧する時に、アプリ内で記事を読めるインスタント記事という機能を公開しました。このプラグインを利用すると、WordPressのインスタント記事の設定が可能です。

WordPress.orgプラグインページ
https://wordpress.org/plugins/fb-instant-articles/

Theme Test Drive
新しいテーマを適用する前に、表示を確認できる

テーマの変更をする時に、このプラグインを使うと、管理者でログインしている場合のみ新しいテーマを確認でき、一般の訪問者は既存のテーマでWebサイトを表示します。テーマを変更した時の表示の確認に便利です。

WordPress.orgプラグインページ
https://wordpress.org/plugins/theme-test-drive/

Contact Form 7
簡易的なコンタクトフォーム

Contact Form 7は、カスタマイズ可能な問い合わせフォームを作れるプラグインです。確認用メールの設定、カスマイズもできます。

WordPress.orgプラグインページ
https://wordpress.org/plugins/contact-form-7/

Breadcrumb NavXT
パンくずリストを生成

現在表示しているページの位置を示すパンくずリストは、ユーザーにわかりやすいだけでなく、検索エンジンもタグをチェックするのでSEO対策でも有効です。このプラグインは、パンくずリストを簡単に設定できます。

WordPress.orgプラグインページ
https://wordpress.org/plugins/breadcrumb-navxt/

Redirection
リダイレクト設定を管理

Webサイトを引っ越した時や、WordPressのインストールディレクトリを変更した時に、URLが変更になることがあります。このプラグインは、変更前のURLから新しいURLにリダイレクトするための管理、404エラーの検出をしてくれます。

WordPress.orgプラグインページ
https://wordpress.org/plugins/redirection/

COLUMN

WordPress 4.5 の特徴

2016年4月12日にWordPress4.5がリリースされました。

本書では、WordPress4.4をベースに執筆していますが、ここでWordPress4.5の新しい機能を紹介します。

●テーマのカスタマイズでマルチデバイスで表示を確認できる

テーマをカスタマイズする時に、モバイル、タブレット、デスクトップパソコンでの表示をプレビューできるようになりました。それぞれの表示を確認しながら、カスタマイズすることができます。

また、カスタマイズのプレビュー画面の一部がリアルタイムに更新されるようになりました。

●ロゴのアップデートが可能に

テーマのカスタマイズで、ロゴ画像をアップロードできるようになりました。Twenty Sixteen などの WordPress 公式テーマの最新バージョンで対応しています。

●画像の読み込み速度改善

目に見える劣化なしで、画像が最大50倍のスピードで読み込まれるようになりました。

図1：WordPress4.5で追加された新機能

INDEX

アルファベット

- Amazon … 022
- CMS … 069
- ECサイト … 050, 240
- Facebook … 019, 072
- Facebookページ … 019, 089
- Googleアナリティクス … 274
- Googleフォーム … 228
- Googleマップ … 225
- Gunosy … 020
- Hulu … 022
- Instagram … 019
- KPI … 075
- Lief Time Value … 029
- LINE … 019
- LTV … 029
- NetFlix … 022
- PayPal … 257
- PDCA … 077
- PR表記 … 023
- SEO対策 … 171
- SmartNews … 020
- Twitter … 019, 072, 093
- Twitterアカウント … 019
- URL … 108
- WordPress … 080
- YouTube … 019

あ〜か

- アーンドメディア … 019
- アクセス解析 … 061
- アクセス解析担当者 … 066
- アドブロック機能 … 023
- アンケート調査 … 060
- イベント … 237
- インタレストグラフ … 028
- インフルエンサー … 027
- ウェブマスターツール … 270
- エバンジェリスト … 057
- エンゲージメント … 056
- オウンドメディア … 018
- オンライン広告 … 023
- 会員限定のコンテンツ … 253
- 価格 … 023
- 拡散 … 025
- カスタマイズ … 121
- カタログページ … 247
- カテゴリー … 131
- キーワード設計 … 148
- キュレーションメディア … 019
- クチコミサイト … 026
- クチコミ情報 … 210
- グループインタビュー … 060
- 効果測定 … 264
- 広告 … 024, 214
- 行動観察 … 060
- ゴール … 058
- 顧客データ … 060
- 固定ページ … 167
- コメント … 115
- コンテンツ … 030
- コンテンツ制作者 … 066
- コンテンツマップ … 070
- コンテンツ系オウンドメディア … 042
- コンバージョン … 198

さ〜な

- サイトタイトル … 108
- サイドバー … 128
- サイトマップ … 268
- シナリオ … 063
- 写真 … 201
- 資料 … 231
- 新規投稿 … 156
- 人物像 … 062
- ステルスマーケティング … 023
- セキュリティ … 138
- セミナー・イベント … 050
- ソーシャルグラフ … 028
- ソーシャルメディア … 021
- 中間コンバージョン … 076
- 著作権 … 068
- テーマ … 117
- デザイン … 082
- デプスインタビュー … 061
- 問い合わせページ … 188
- 動画 … 206
- 統計データ … 061
- 独自ドメイン … 084
- トラディショナルメディア … 022
- トリプルメディア … 020
- ネイティブアド … 024
- ノンクレジット広告 … 023

は〜や

- パーマリンク … 111
- バズ … 027
- ビッグワード … 150
- プラグイン … 134
- ブランドアドボカシー … 057
- ブランド認知 … 056
- ペイドメディア … 019
- ペルソナ … 059
- 編集者 … 066
- 編集長 … 066
- メインナビゲーション … 101
- メニュー … 125

ら〜わ

- ランディングページ … 050, 198
- リード情報 … 058
- リテンション … 056
- レビュー … 026
- ロイヤリティ … 056
- ロングテール … 150

著者プロフィール

深谷歩（ふかや・あゆみ）

株式会社深谷歩事務所 代表取締役。株式会社ユニゾン（現 株式会社NiCO）にて官公庁向けドキュメント制作やマニュアル制作などに従事後、株式会社インプレスIT（現株式会社インプレス）にてエンジニア向けメディア「Think IT」の編集・記者となる。
2009年より1年間渡米して、ソーシャルメディアに可能性を感じる。帰国後「Social Media Experience」を立ち上げる。2011年4月より現職。ソーシャルメディアやブログを活用したコンテンツマーケティング支援を行う。Webメディア、雑誌の執筆に加え、講演活動、Webサイト制作も行う。またフェレット用品を扱うオンラインショップ「Ferretoys」も運営。著書は以下のとおり。
『小さなお店のLINE@ 集客・販促ガイド』（翔泳社刊・共著）
『SNS活用→集客のオキテ』（ソシム刊）
『小さな会社のFacebookページ制作・運用ガイド』（翔泳社刊）
『小さな会社のFacebookページ集客・販促ガイド』（翔泳社刊）
『Pinterestビジネス講座』（翔泳社刊・共著）

装丁・本文デザイン	FANTAGRAPH（ファンタグラフ）
カバーイラスト	加納徳博
DTP	BUCH$^+$

自社のブランド力を上げる！オウンドメディア制作・運用ガイド

2016年5月20日 初版第1刷発行

著者	深谷歩（ふかや・あゆみ）
発行人	佐々木幹夫
発行所	株式会社翔泳社（http://www.shoeisha.co.jp）
印刷・製本	株式会社加藤文明社印刷所

©2016 AYUMI FUKAYA

*本書は著作権法上の保護を受けています。本書の一部または全部について（ソフトウェアおよびプログラムを含む）、株式会社翔泳社から文書による許諾を得ずに、いかなる方法においても無断で複写、複製することは禁じられています。
*本書へのお問い合わせについては、002ページに記載の内容をお読みください。
*落丁・乱丁はお取り替えいたします。03-5362-3705までご連絡ください。

ISBN978-4-7981-4417-7
Printed in Japan